全国电力行业"十四五"规划教材

GONGCHENG ZHITU XITIJI

工程制图习题集
（第四版）

主编　马巧英　明　太

编写　尹辉燕　高胜利　刘　垚　吉晓梅

主审　赵炳利

中国电力出版社
CHINA ELECTRIC POWER PRESS

内 容 提 要

本书是根据教育部颁发的"高等学校工程图学课程教学基本要求",在总结编者多年教学改革经验的基础上编写而成的。在习题的选取上,符合学生的认识规律,由浅入深,逐步提高;习题形式多样,针对性强。本书是刘垚、马巧英、明太主编的《工程制图(第四版)》的配套习题集。

本书可作为本科院校近机类、非机类各专业的工程制图课程的配套习题集,也可作为高职高专院校相关专业的教材,还可供工程技术人员参考。

图书在版编目(CIP)数据

工程制图习题集/马巧英,明太主编. —4 版. —北京:中国电力出版社,2022.9(2025.1重印)
ISBN 978 - 7 - 5198 - 6584 - 9

Ⅰ.①工… Ⅱ.①马…②明… Ⅲ.①工程制图-高等学校-习题集 Ⅳ.①TB23 - 44

中国版本图书馆 CIP 数据核字(2022)第 041185 号

中国电力出版社出版、发行　　　　　　　　　　三河市万龙印装有限公司印刷　　　　　　　　各地新华书店经售
(北京市东城区北京站西街 19 号　100005　http://www.cepp.sgcc.com.cn)
2009 年 6 月第一版
2022 年 9 月第四版　　　　　　　　　　　　　2025 年 1 月北京第十九次印刷
787 毫米×1092 毫米　横 16 开　9.75 印张　160 千字　　　　　　　　　　　　　　　　　　　定价 **30.00** 元

前　言

　　本书是根据教育部颁发的"高等学校工程图学课程教学基本要求"的精神和编者多年教学改革的经验，并吸取同行专家的宝贵意见，在第三版的基础上修订而成的，同时修订出版的《工程制图（第四版）》与本书配套使用。

　　本次修订保持了上一版的风格和特点，并在内容上作了部分更新，以适应教学需求，修订后的主要特色如下：以必需、够用为原则，根据最新发布的国家标准、规范，对习题集中的相关内容进行了全面订正和更新，可作为本科院校近机类、非机类各专业工程制图教材的配套习题集，也可作为高等职业教育本科、专科各相关专业教材的配套习题集；习题选择上，反复斟酌，认真筛选，力求精练、典型，以尽量少的题目覆盖尽量多的知识点；题目形式多样，既有培养画图、读图能力的题目，又有开阔思路、启迪思维的多解题；本习题集的编排顺序与教材体系完全一致。坚持由易到难、由浅入深、循序渐进、梯度合理的原则。

　　本习题集由山西大学马巧英、国网山东省电力公司电力科学研究院明太任主编，参加编写的还有山西大学刘垚、高胜利和吉晓梅，国网技术学院（山东电力高等专科学校）尹辉燕。具体编写分工如下：第一、二章由高胜利编写，第三、五章由吉晓梅编写，第四、六章由马巧英编写，第七章由尹辉燕编写，第八章由明太、刘垚编写，第九章由明太、尹辉燕编写，第十章由刘垚编写。另外，向参加过本书编写现已离开教学工作岗位未参加这次修订的教师表示衷心的感谢。

　　由于修订时间仓促和编者水平有限，书中难免存在错误和不足，恳请广大读者、教师和同行批评指正。

编　者

2022 年 2 月

第一版前言

  本习题集是根据教育部工程图学教学指导委员会制定的"普通高等院校工程图学课程教学基本要求",在总结编者多年教学改革经验的基础上编写而成的,是马巧英、明太主编的《工程制图》的配套习题集。

  本习题集在习题的选取上,符合学生的认识规律,由浅入深,逐步提高;习题形式多样,针对性强;并结合相关专业的特点,对题量和难度进行了精心挑选,能更好地满足各类高等工业学校非机类和近机类相关专业的使用。另外,为了便于教学,本习题集的编排顺序与教材体系完全一致,除第十章无习题外,习题集中习题编号均与教材各章顺序一致,如习题集中 5-1 即为对应教材第五章第一题。

  本习题集由明太、武丽担任主编,马巧英、高胜利、尹辉燕担任副主编。具体编写分工如下:山东电力高等专科学校明太(前言、第八章),山西大学工程学院高胜利(第一、二章);山西大学工程学院吉晓梅(第三、五章);山西大学工程学院武丽(第四章);山西大学工程学院马巧英(第六章);山东电力高等专科学校尹辉燕(第七章);第九章由明太和尹辉燕共同编写。

  本习题集由燕山大学赵炳利教授主审,并提出了许多宝贵的意见和建议,在此表示感谢。

  由于编者水平所限,习题集中难免存在错误和不足之处,恳请广大读者批评指正。

编 者

2009 年 3 月

第二版前言

　　本习题集是根据教育部高等学校工程图学教学指导委员会 2010 年 5 月武汉工作会议通过的"普通高等院校工程图学课程教学基本要求"的精神和作者多年教学的经验，并吸取同行专家的宝贵意见，在第一版的基础上修订而成的，是马巧英、明太主编的《工程制图（第二版）》的配套习题集。

　　本书除保留了第一版的一些主要特色外，还具有以下特点：

　　(1) 遵循基础理论教学以应用为目的，以必需、够用为度的原则，以加强实践性与应用性、培养能力与素质为指导思想，适应面广。

　　(2) 本习题集在习题选择上，反复斟酌，认真筛选，力求精练、典型，以尽量少的题目覆盖尽量多的知识点。题目形式多样，既有培养画图、读图能力的题目，又有开阔思路、启迪思维的多解题。

　　(3) 顺序、梯度合理。本习题集的编排顺序与教材体系完全一致。坚持由易到难、由浅入深、循序渐进、梯度合理的原则。

　　具体分工如下：第一、二章由山西大学工程学院高胜利编写；第三、五章由山西大学工程学院吉晓梅编写；第四章由山西大学工程学院武丽编写；第六章由山西大学工程学院马巧英编写；第七章由山东电力专科学校尹辉燕编写；第八章由山东电力专科学校明太、山西大学工程学院刘垚编写；第九章由山东电力专科学校明太、尹辉燕编写。本习题集由尹辉燕、武丽任主编，马巧英、高胜利、吉晓梅任副主编。

编　者

2012 年 5 月

第三版前言

　　本习题集是根据教育部颁发的"高等学校工程图学课程教学基本要求"的精神和作者多年教学的经验，并吸取同行专家的宝贵意见，在第二版的基础上修订而成的，是马巧英、明太主编的《工程制图（第三版）》的配套习题集。

　　本书除保留了第二版的一些主要特色外，还具有以下特点：

　　(1) 遵循基础理论教学以应用为目的，以必需、够用为度的原则，以加强实践性与应用性、培养能力与素质为指导思想，适应面广。

　　(2) 本习题集在习题选择上，反复斟酌，认真筛选，力求精练、典型，以尽量少的题目覆盖尽量多的知识点。题目形式多样，既有培养画图、读图能力的题目，又有开阔思路、启迪思维的多解题。

　　(3) 顺序、梯度合理。本习题集的编排顺序与教材体系完全一致。坚持由易到难、由浅入深、循序渐进、梯度合理的原则。

　　本书由国网技术学院（山东电力高等专科学校）尹辉燕、山西大学马巧英任主编，山西大学高胜利和吉晓梅、国网技术学院（山东电力高等专科学校）曲翠琴任副主编，参加编写的还有山西大学刘垚、国网山东省电力公司电力科学研究院明太。具体分工如下：第一、二章由高胜利编写；第三、五章由吉晓梅编写；第四、六章由马巧英编写；第七章由尹辉燕编写；第八章由明太、刘垚编写；第九章由明太、尹辉燕编写。另外向参加过本书编写现已离开教学工作岗位未参加这次修订的教师表示衷心的感谢。

　　由于编者水平所限，书中难免有所疏漏，恳请广大读者批评指正。

编　者

2016 年 1 月

目　录

1-1　字体练习（一）。

字体端正笔画清楚排列整齐间隔均匀耐心细致

大学院校系专业班级制描图审核序号名称材料

件数备注比例重量设计标注签名共第张年月日

ABCDEFGHJKLMNOPQRSTUVWXYZ

abcdefghjklmnopqrstuvwxyz

1234567890 αβγδμθπσRφ

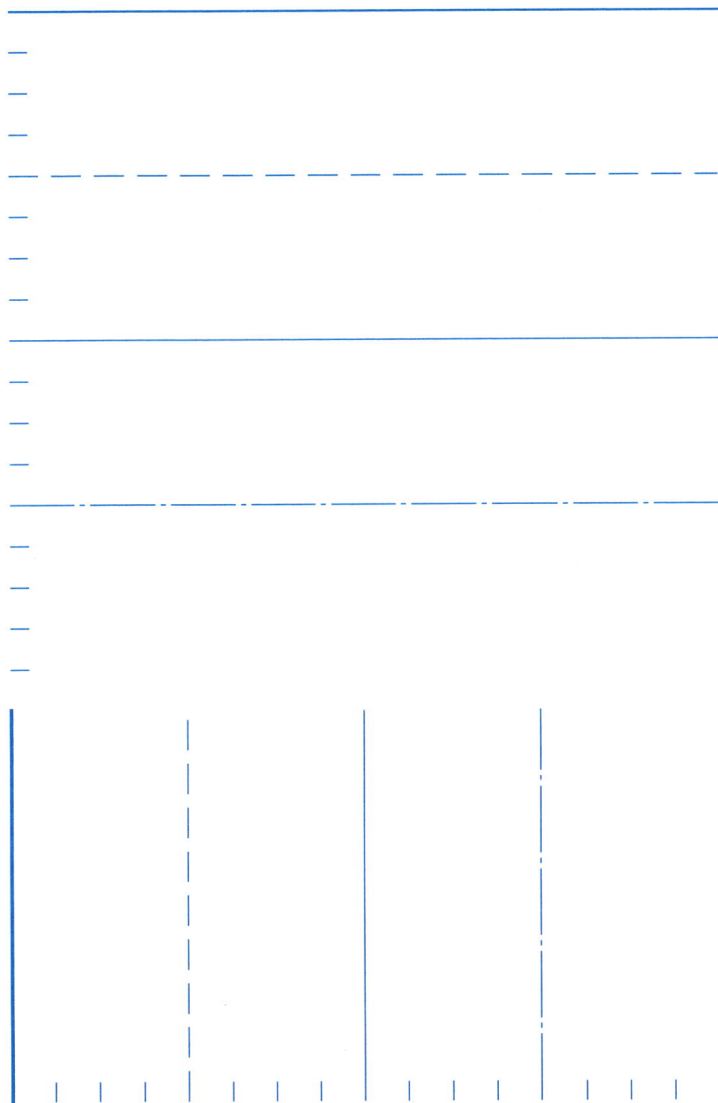

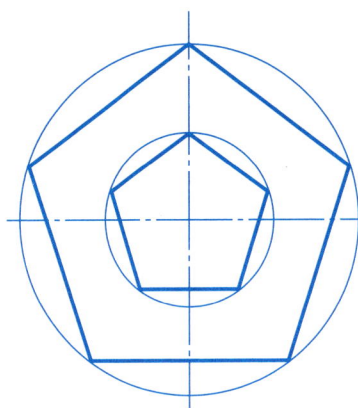
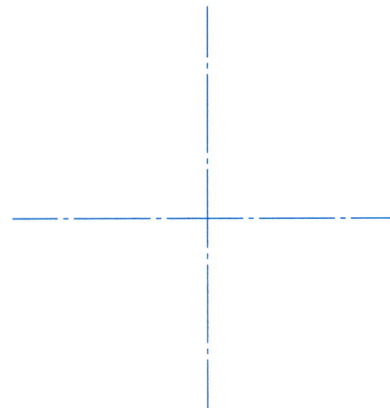

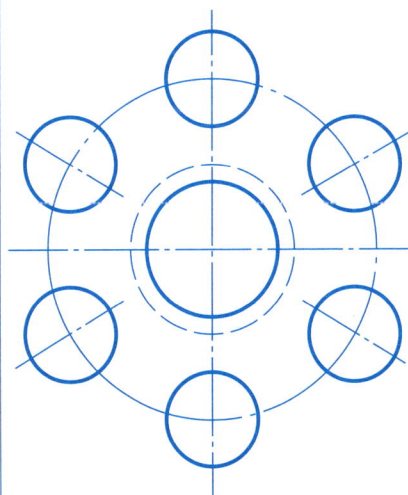
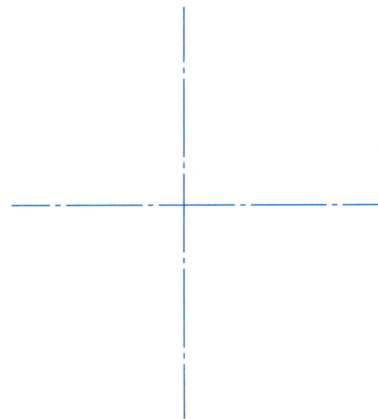

图一

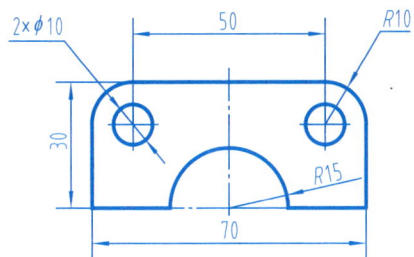

图二

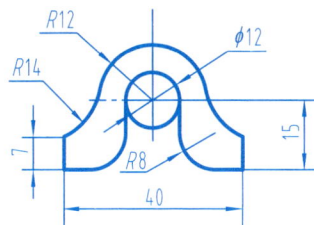

图一：线型。

图二：起重钩。

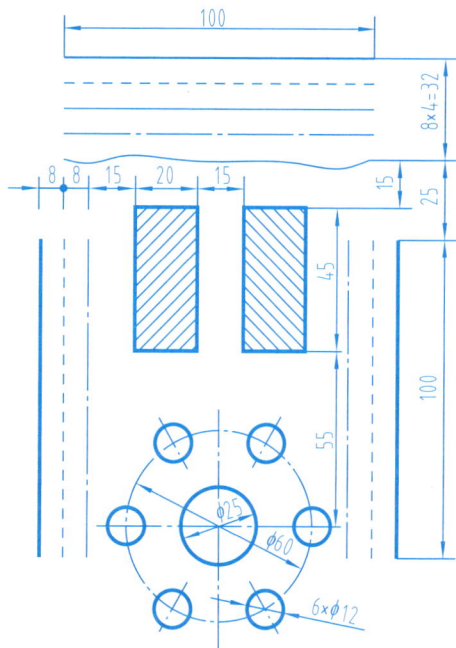

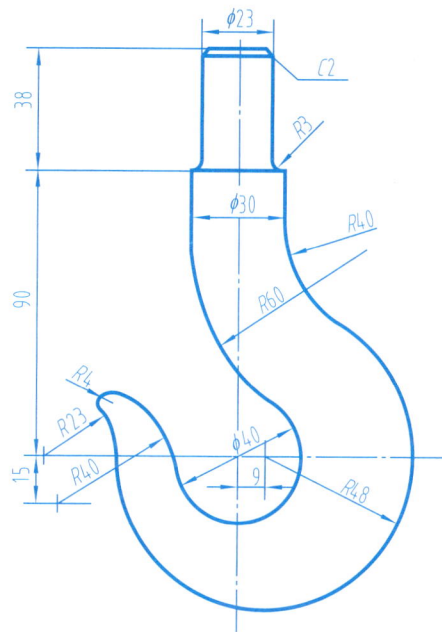

1. 目的、要求。
(1) 目的：初步掌握国家标准《机械制图》的有关内容，掌握绘图工具的使用方法。
(2) 要求：图形正确，布图匀称，线型清晰，粗细分明，字体规范，尺寸完整，连接光滑，图面整洁。
2. 图名、图幅、比例。
(1) 图名：基本练习。
(2) 图幅：A3 图纸。
(3) 比例：1:1。
3. 绘图步骤及注意事项。
(1) 绘图前对所画图形仔细分析，确定正确的作图步骤，注意零件轮廓线上圆弧连接的切点和圆心位置正确，布图时预留标注尺寸的位置。
(2) 线型：粗实线宽 0.7mm，所有的细线型宽 0.35mm，虚线和点画线线长、间隔按国家标准规定。
(3) 字体：汉字、数字、字母书写按国家标准规定。
(4) 箭头：尾端宽 0.7mm，长为宽的 6 倍左右。
(5) 加深：完成底稿，仔细检查正确无误后用 B 铅笔加深。加深圆弧时，圆规的铅芯比画直线的铅芯软一号，使圆弧与直线的深浅一致。

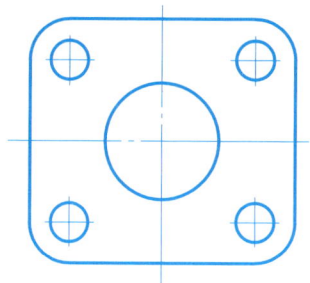
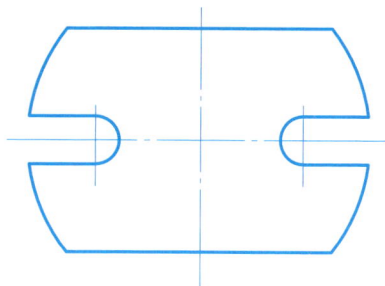
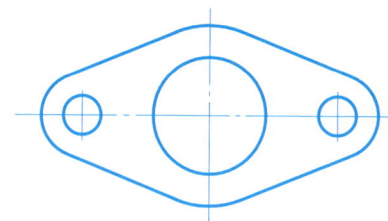

2-1 点的投影（一）。　　　　　　　　　　　　　班级　　　　姓名　　　　学号　　　　第7页

1. 按立体图求出各点的两面投影，并量出各点到 H 面和 V 面的距离。

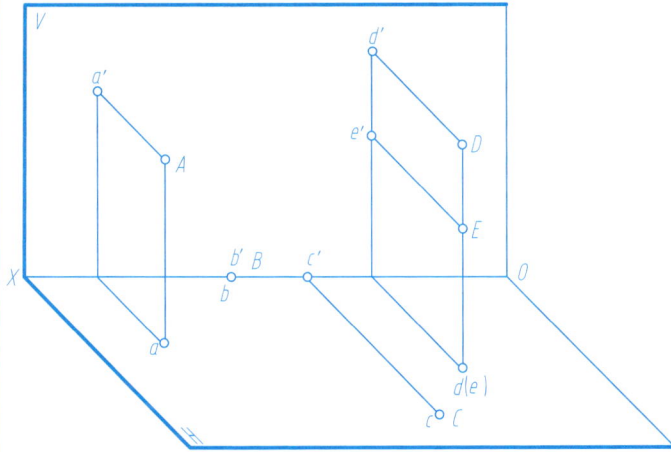

2. 按立体图求出各点的三面投影，并量出各点的坐标，判断点的空间位置。

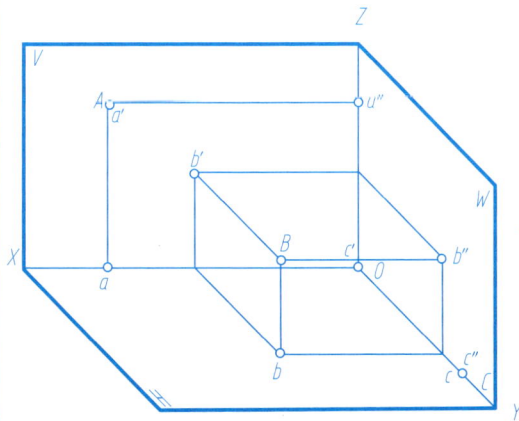

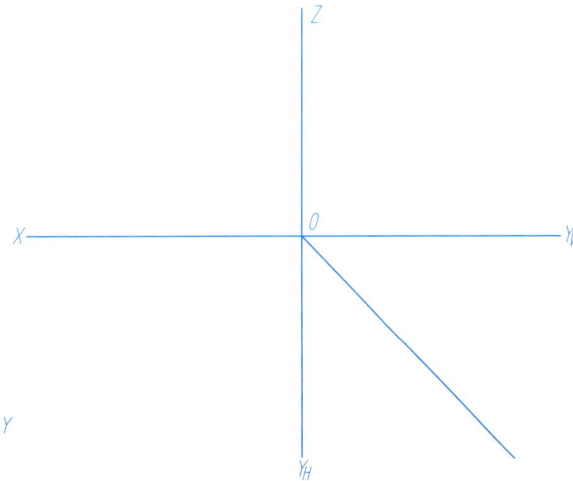

A _____ ， A 在 _____

B _____ ， B 在 _____

C _____ ， C 在 _____

3. 已知各点的两面投影，求第三面投影。

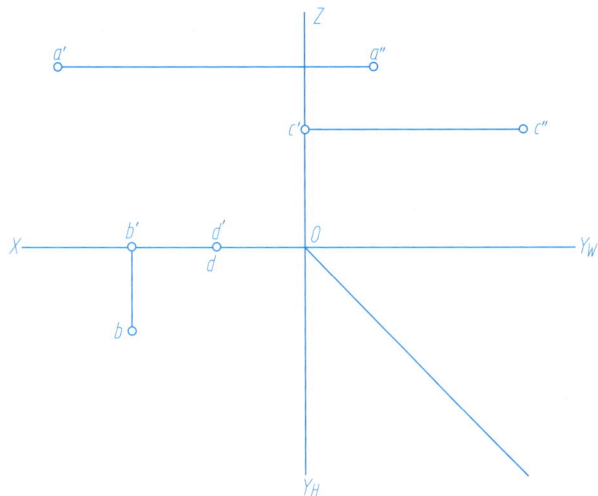

4. 已知点 A（25，15，20），点 B 到 H、V、W 的距离为 10、20、5，求 A 和 B 的三面投影。

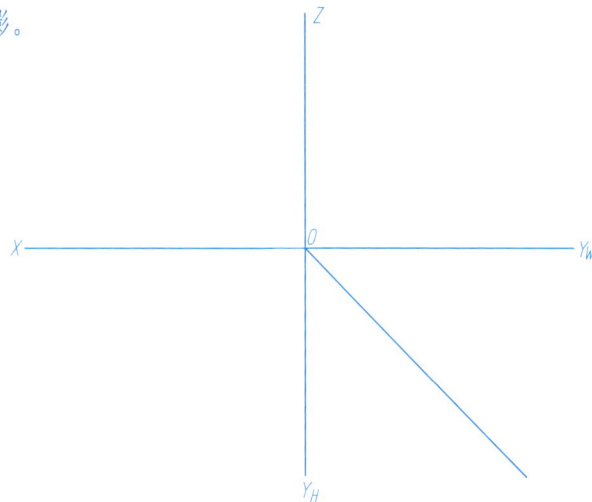

5. 判断点 A、点 B 的相对位置。

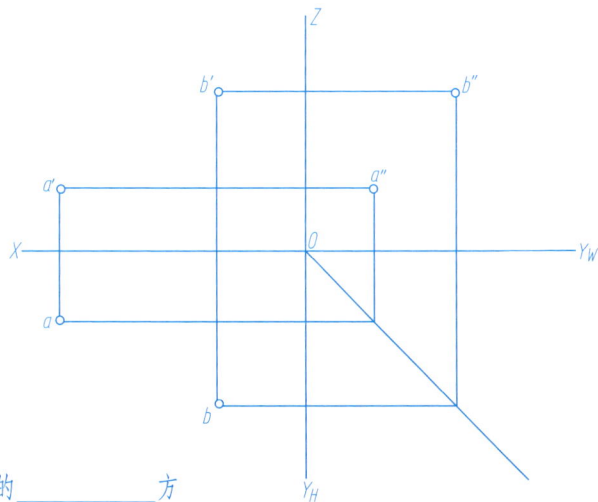

B 在 A 的_____方

6. 点 A 在 H 面之上 25，V 面之前 30，W 面之左 10，B 与 A 对 W 面重影 X_b＝30，C 与 A 对 V 面重影，Y_c＝5，求 A、B、C 的三面投影，并标明可见性。

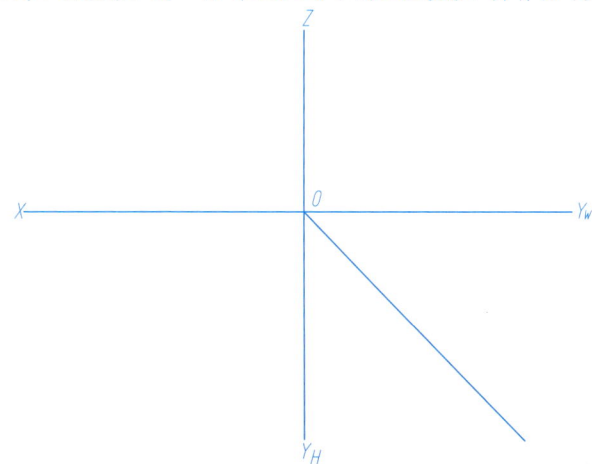

1. 求各直线的第三面投影，并填写名称。

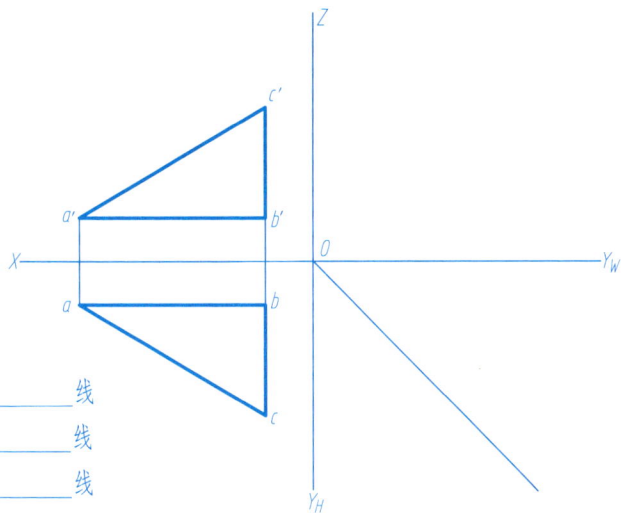

AB 是＿＿＿＿＿线

BC 是＿＿＿＿＿线

AC 是＿＿＿＿＿线

2. AB 为铅垂线，它到 V、W 面的距离相等，求 AB 的三面投影。

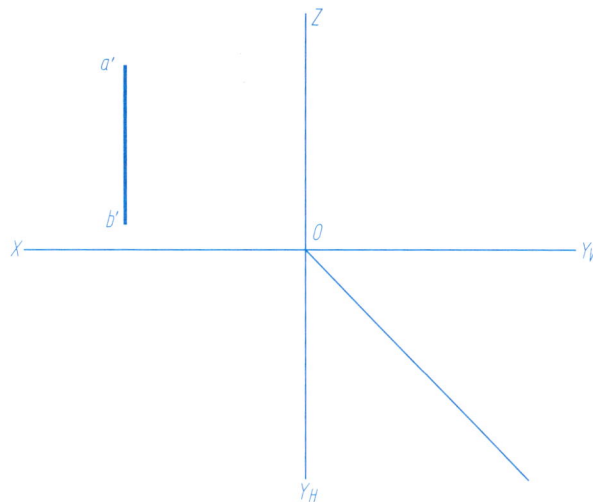

3. CD 平行于 V 面，长 20，α＝30°，D 在 C 的下方，画出 CD 三面投影。

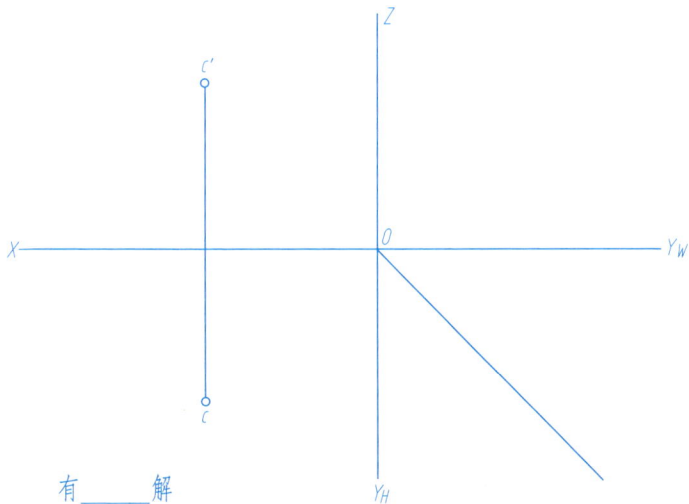

有＿＿＿解

4. 求侧平线 AB 的侧面投影，并在 AB 上取点 K，使 K 距 H 面为 15。

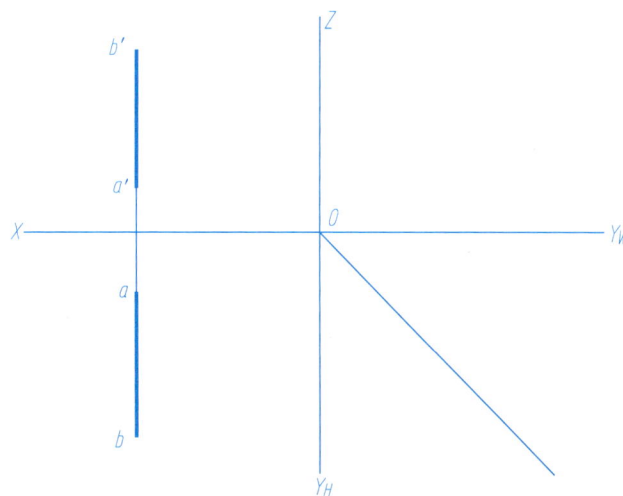

5. 用定比定理作图，判断点 K 是否在 AB 上。

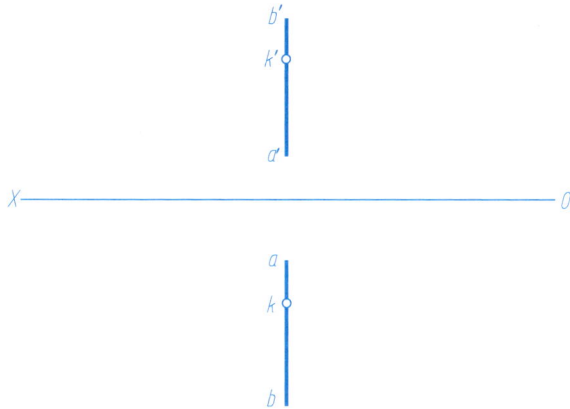

6. 判断下面两直线的相对位置。

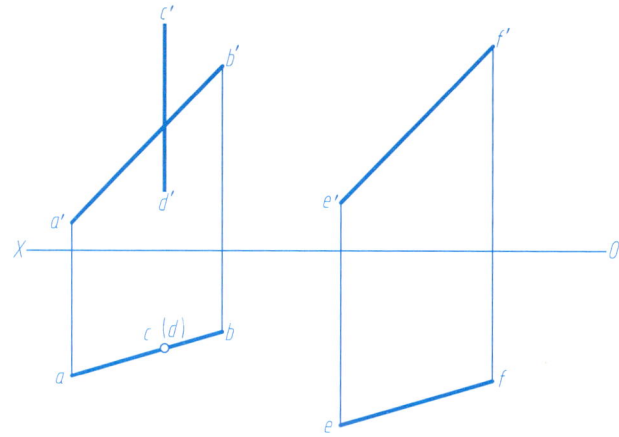

AB、CD _____， AB、EF _____， CD、EF _____。

7. 过点 P 作直线与 AB 平行，与 CD 相交于点 K。

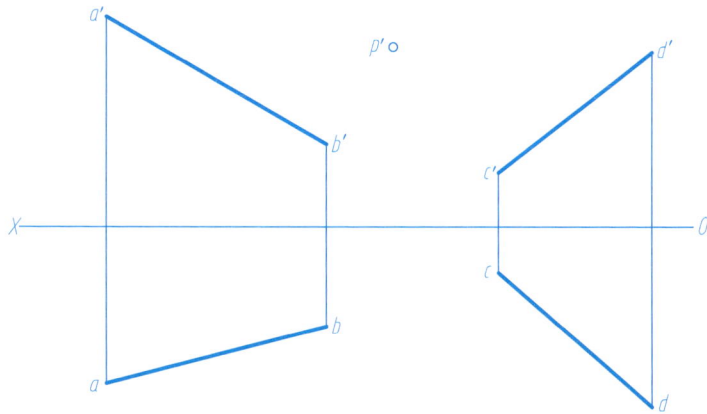

8. 求交叉直线的重影点，并标明可见性。

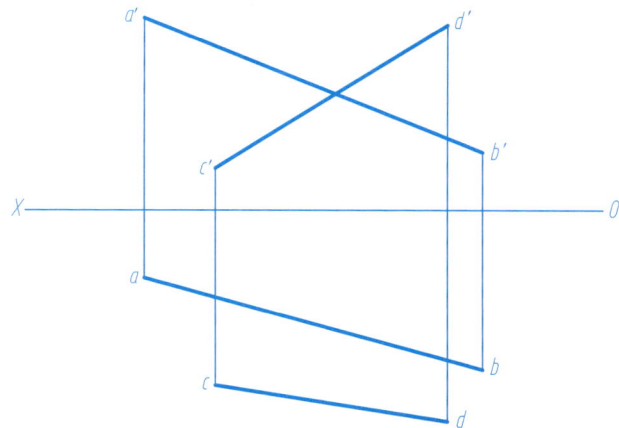

1. 作出平面图形的第三个投影，并填写平面名称。

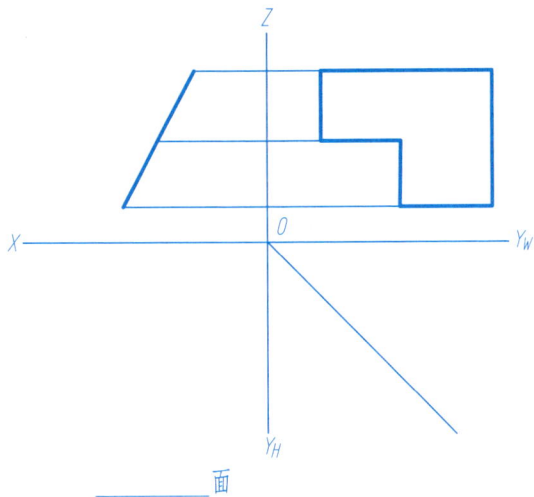

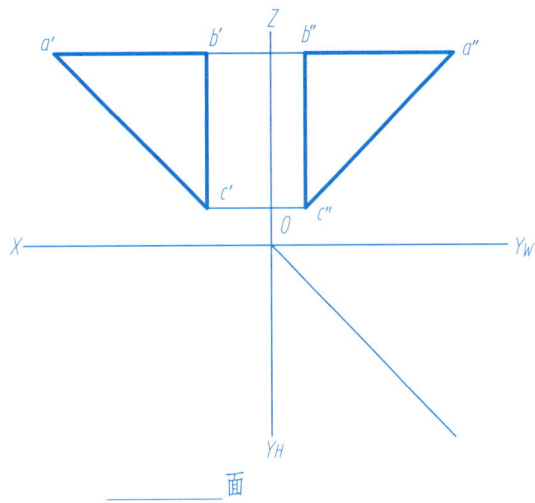

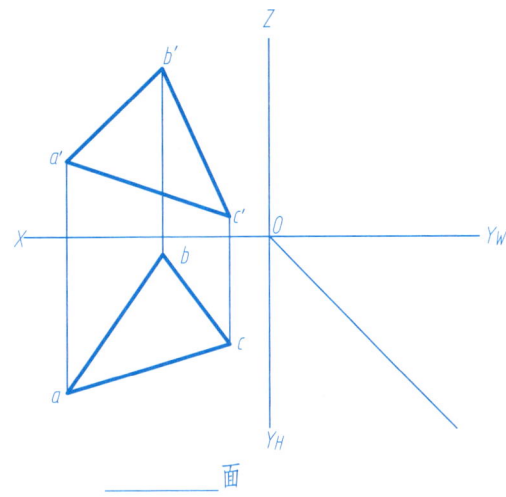

_____面　　　　　　_____面　　　　　　_____面

2. 等边三角形 ABC 为水平面，完成其水平投影。

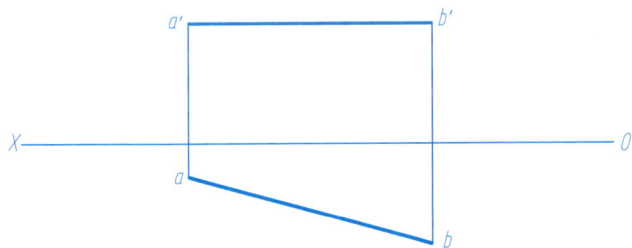

3. 正方形 ABCD 为正垂面，完成其水平投影。

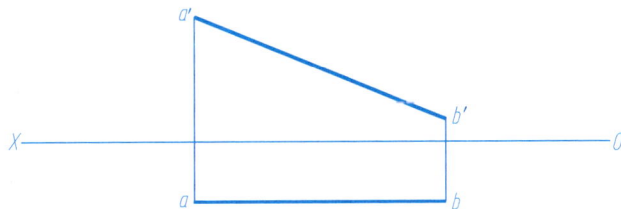

4. 作图判断点 K、点 D 是否在平面上。

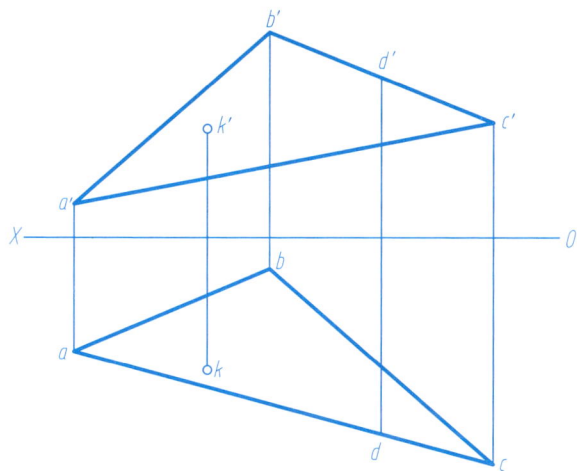

5. 平面 $ABCD$ 的对角线 AC 为正平线，完成 $ABCD$ 的水平投影。

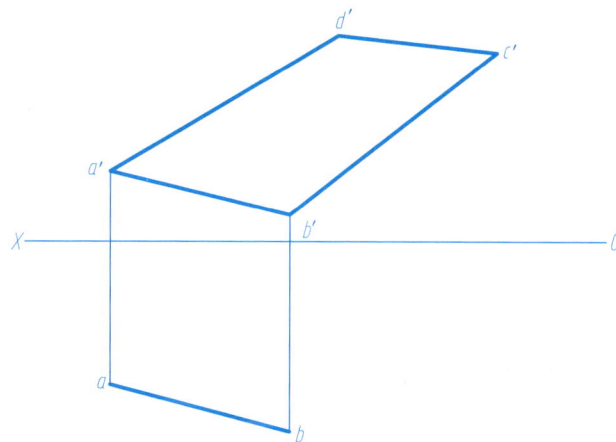

6. 作图判断直线 BD 是否在平面上。

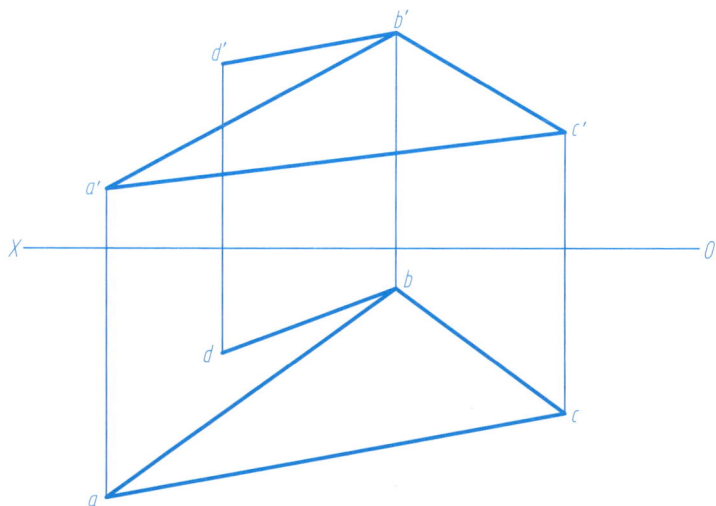

7. 作出圆心位于点 A、直径为 24 的侧平圆的三面投影。

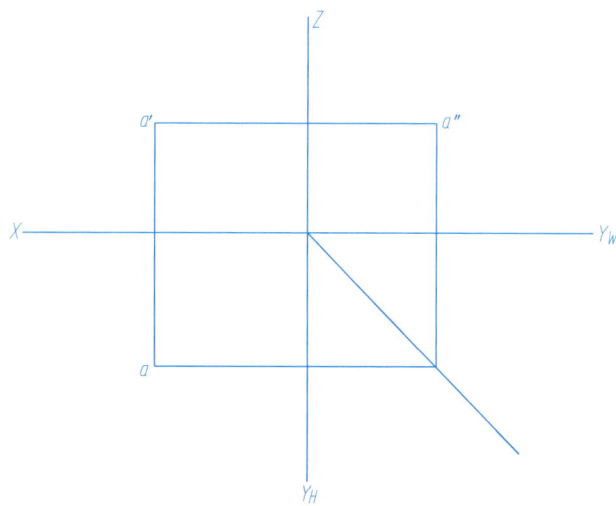

1. 过点 A 作一正垂面 ABC 平行于直线 DE。

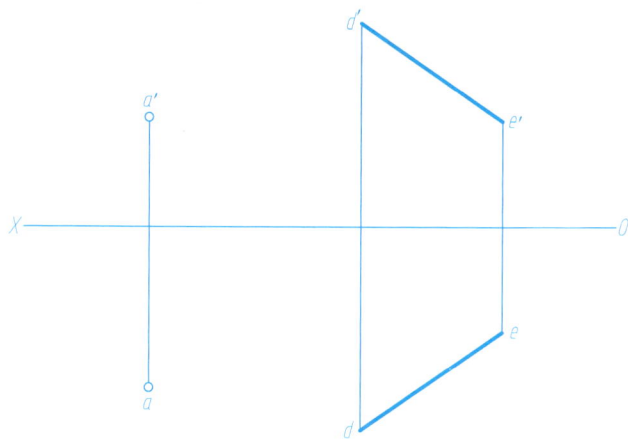

2. 已知△ABC∥△DEF，求作△DEF 的水平投影。

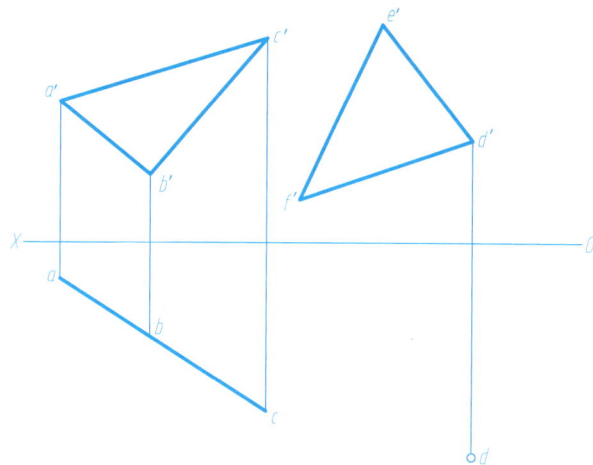

3. 求直线 DE 与平面 ABC 的交点，并判断可见性。

(1)

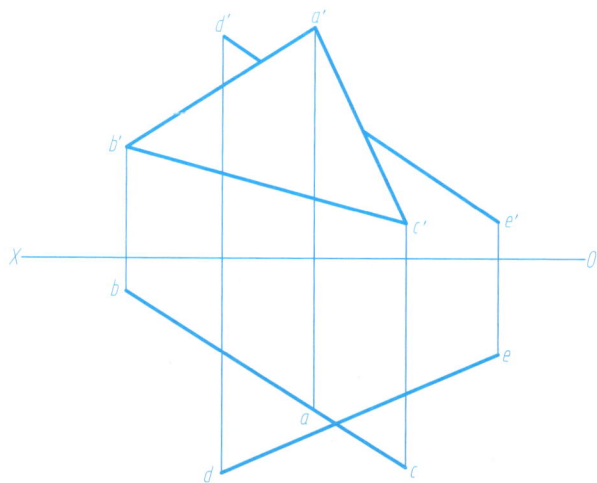

(2)

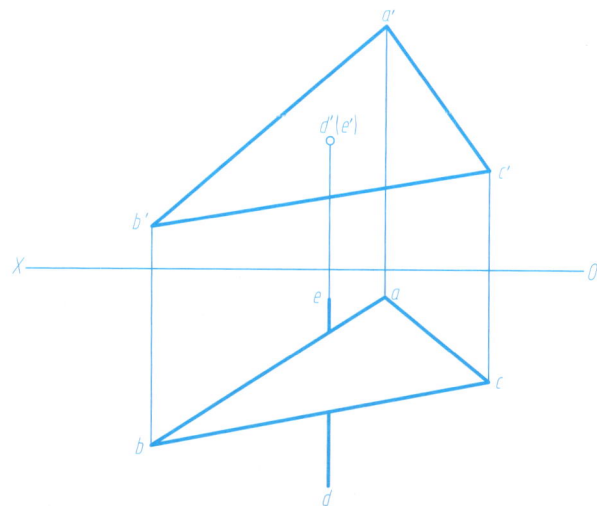

3-1 作平面立体的第三面投影，并补全其表面上各点的三面投影。　　班级　　姓名　　学号　　第 14 页

1.
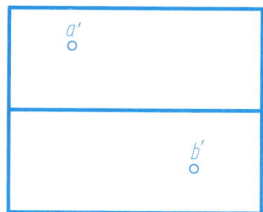
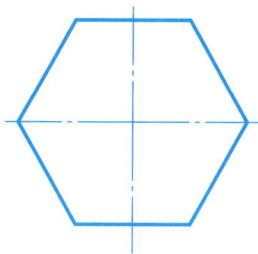

2.
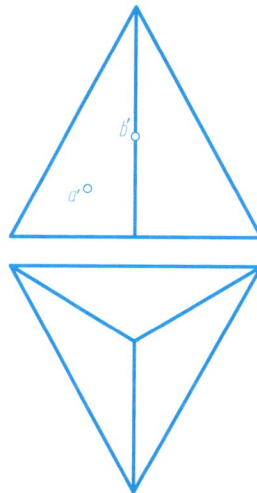

3.
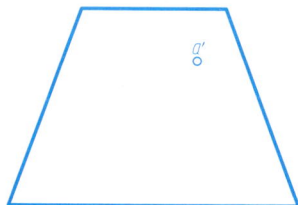
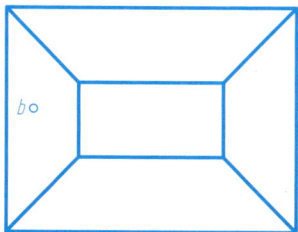

4.

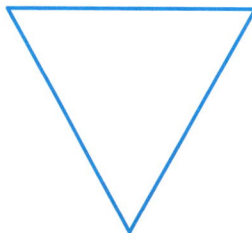

1.
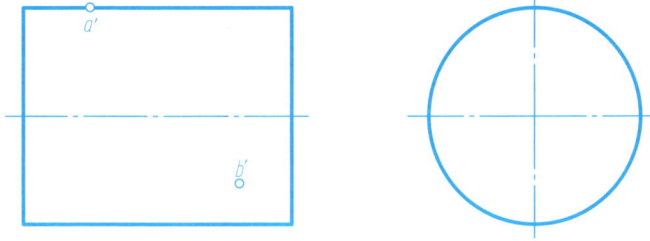

2.
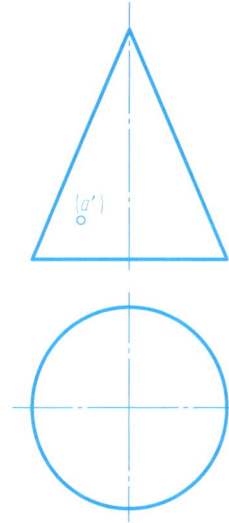

3.
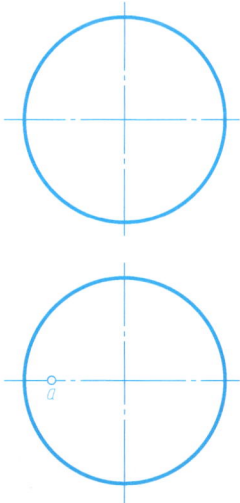

4.
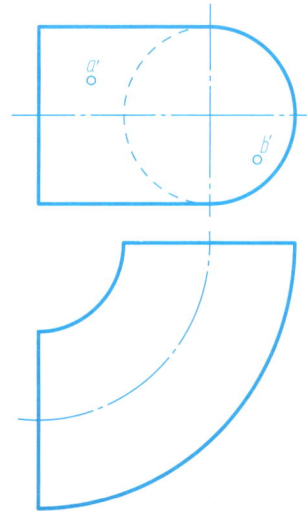

1.

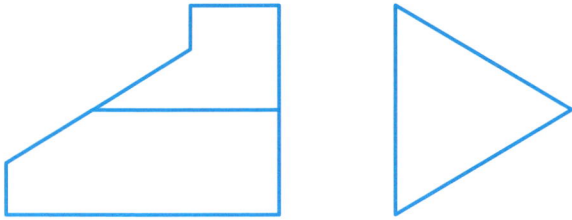

2.

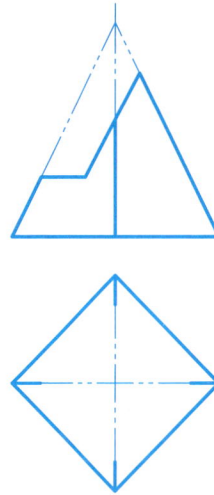

3.

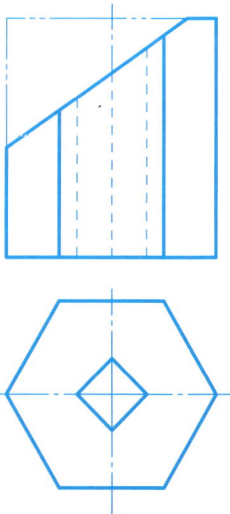

4.

1.

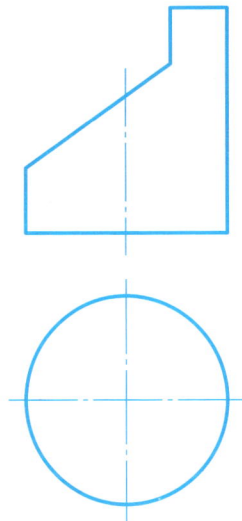

2.

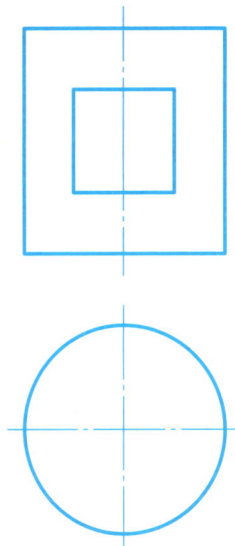

3.

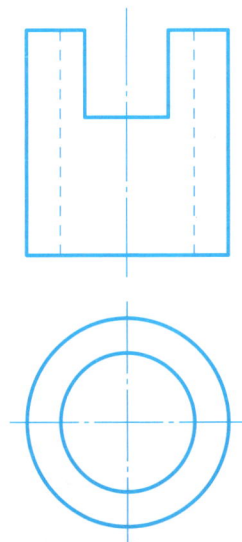

4.

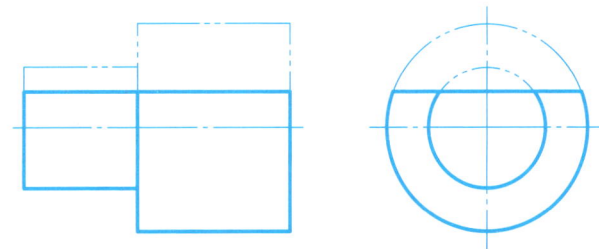

1.

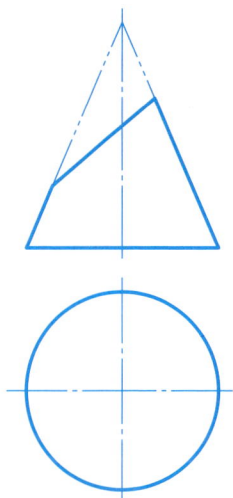

2.

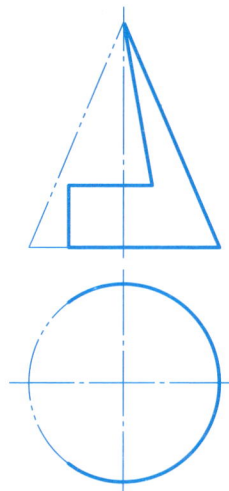

3.

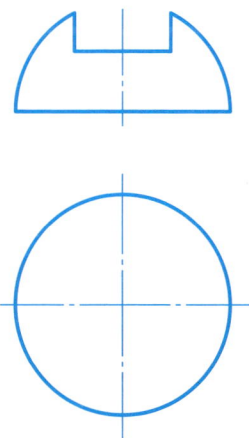

4.

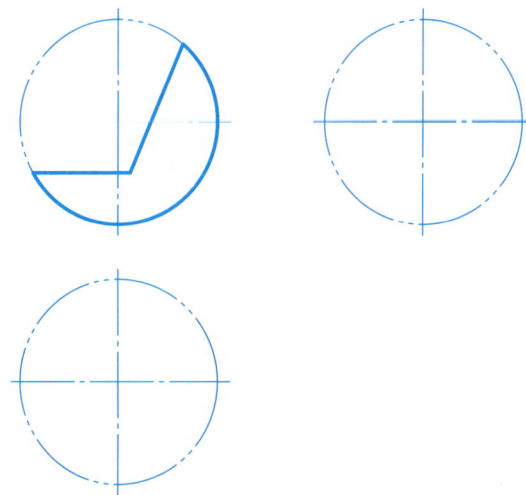

5.

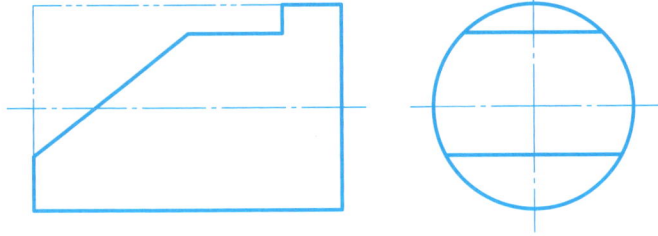

6.

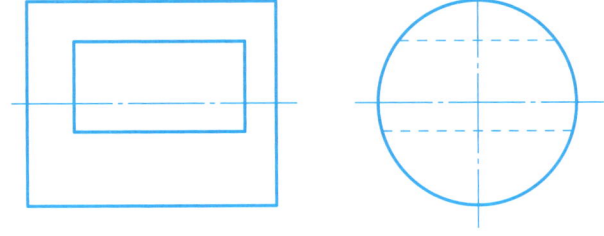

7.

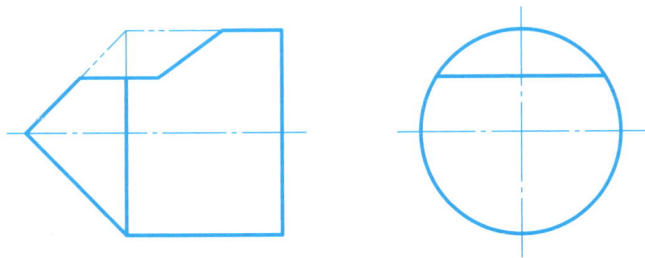

8.

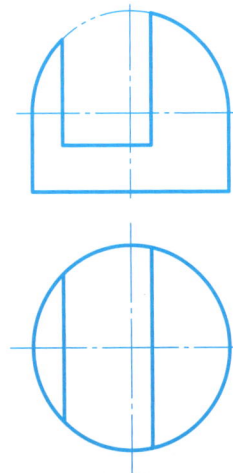

1.

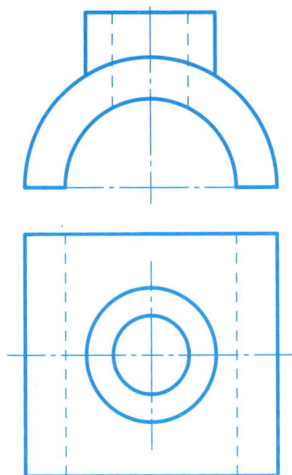

2.

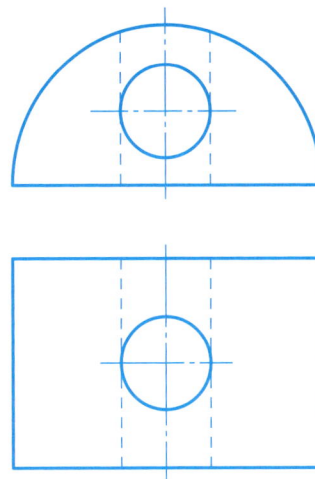

3.

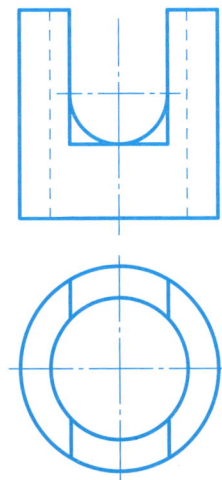

4.

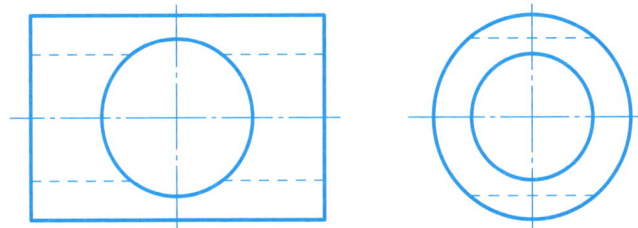

1. 完成立体的侧面投影。

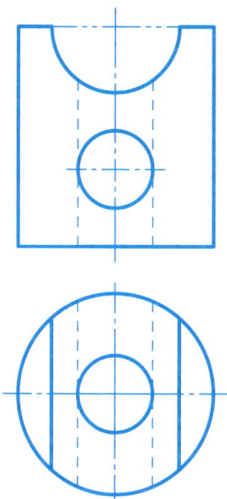

2. 补全相贯立体的正面投影和侧面投影。

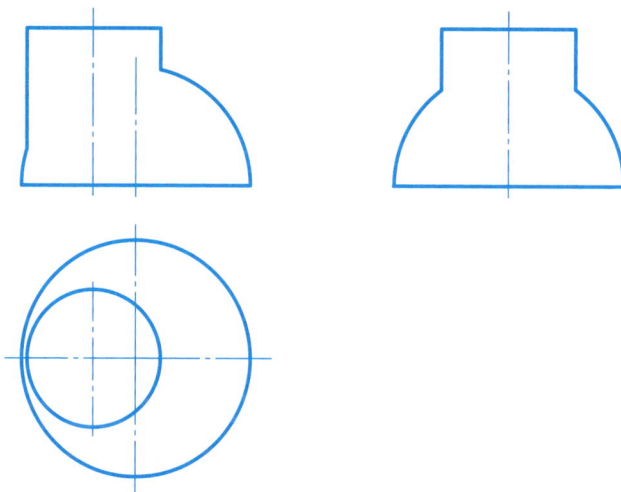

3. 看懂已给图，补全侧面投影中所缺的图线。

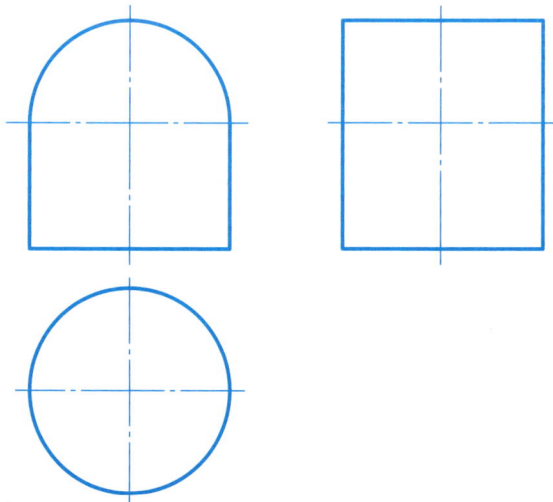

4. 补全相贯立体的正面投影和侧面投影。

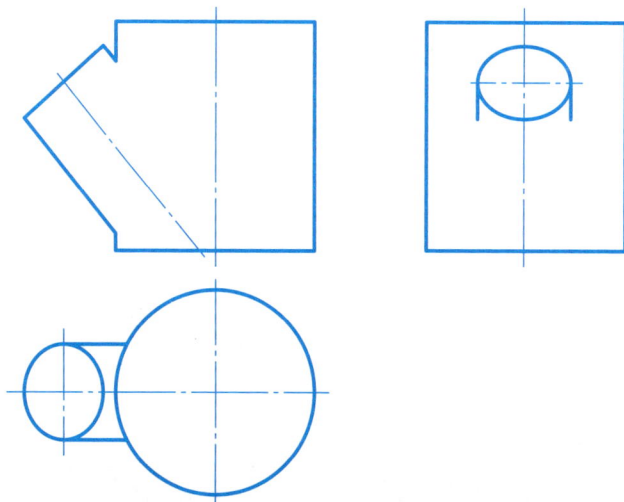

4-1 补画图中所漏画的线（一）。　　　　　　　　　　班级　　　姓名　　　学号　　　第22页

1.

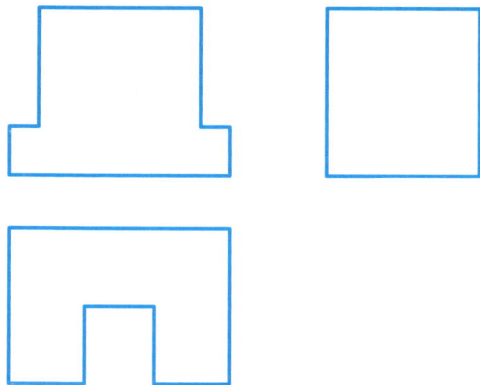

2.

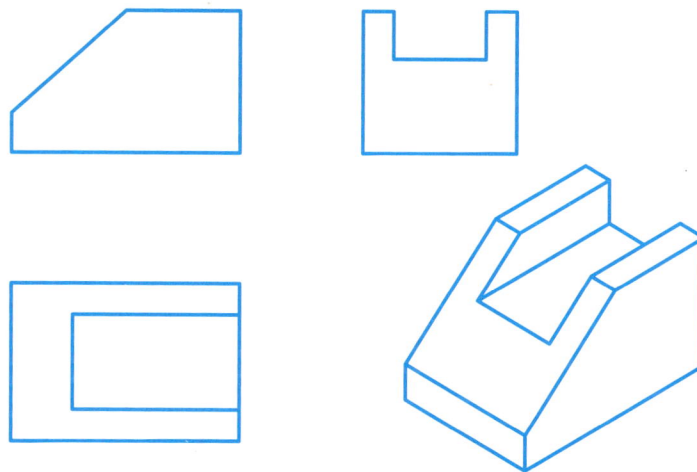

3.

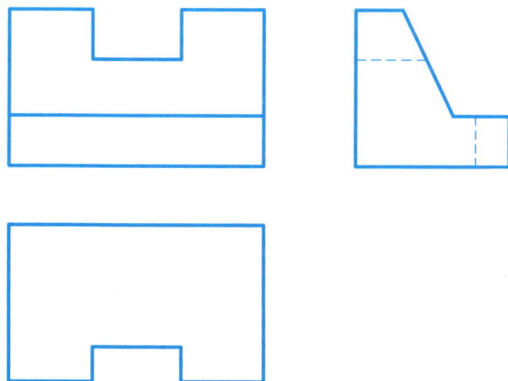

4.

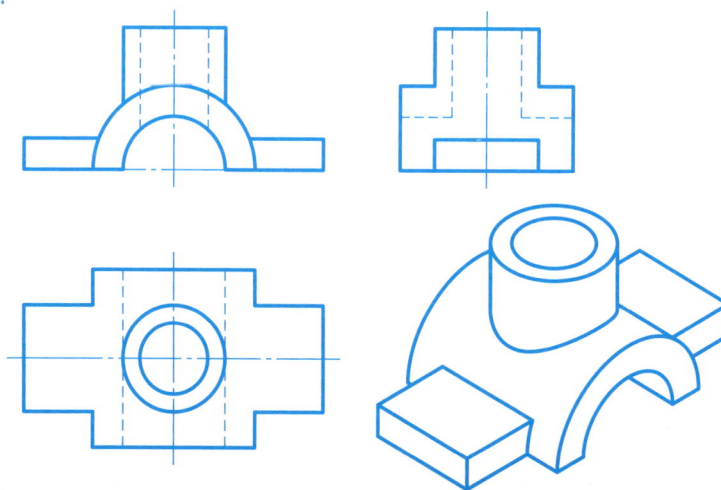

5.

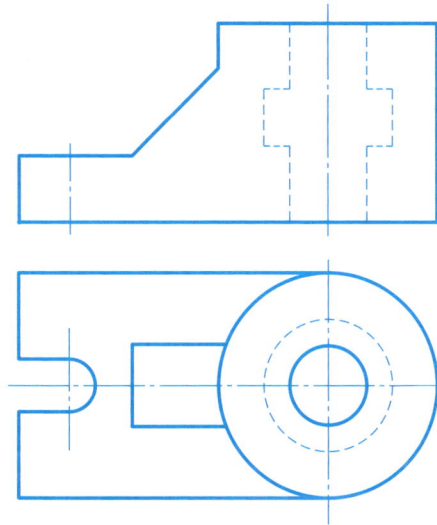

6.

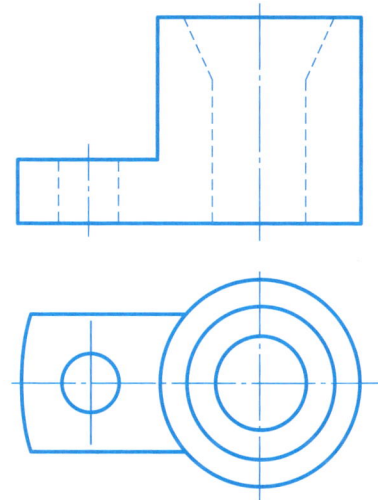

7.

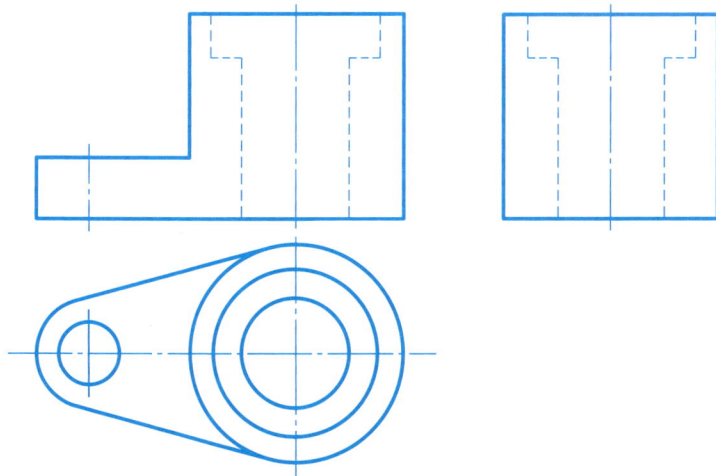

8.

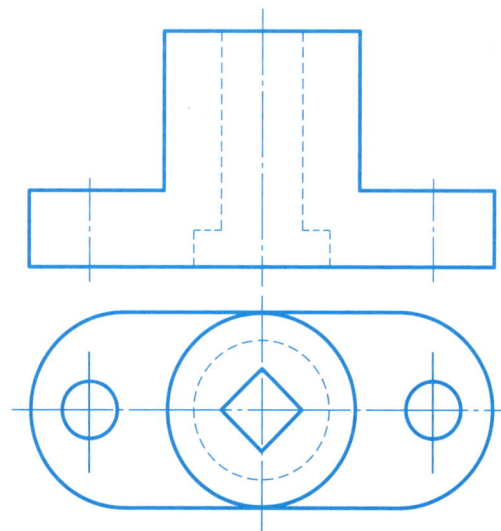

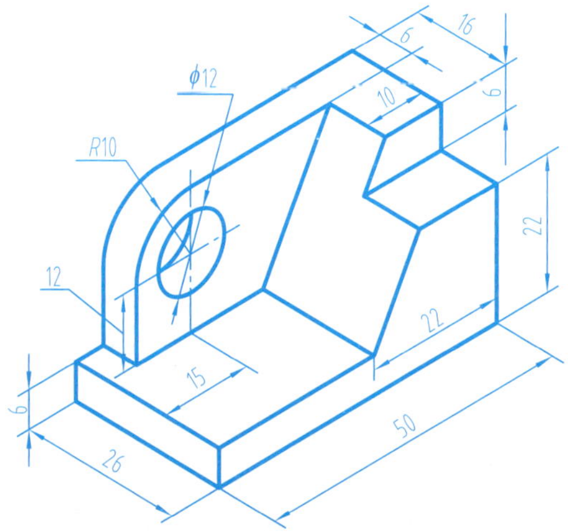

φ12
R10
12
6
26
15
50
22
22
10
6
16
6

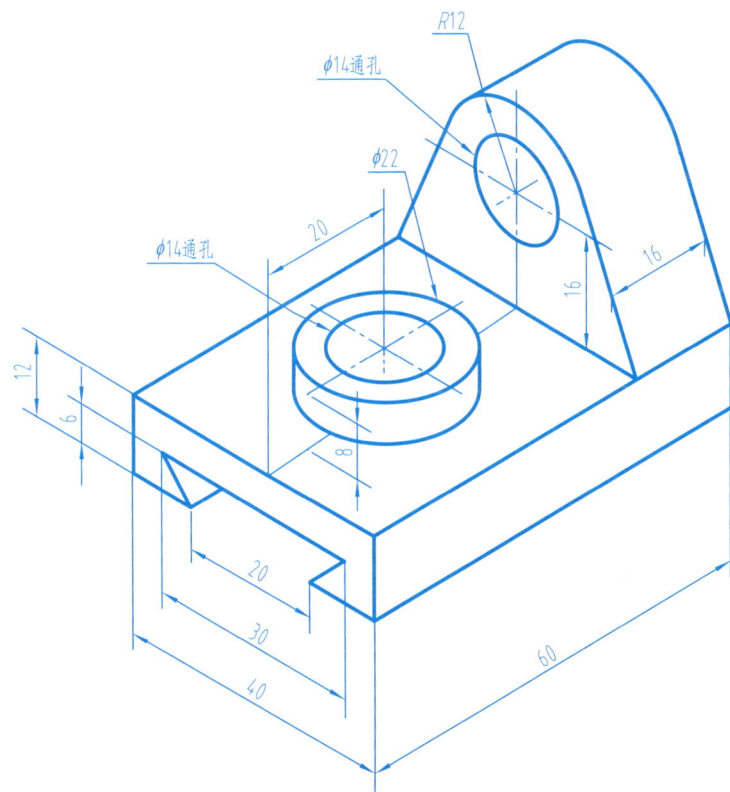

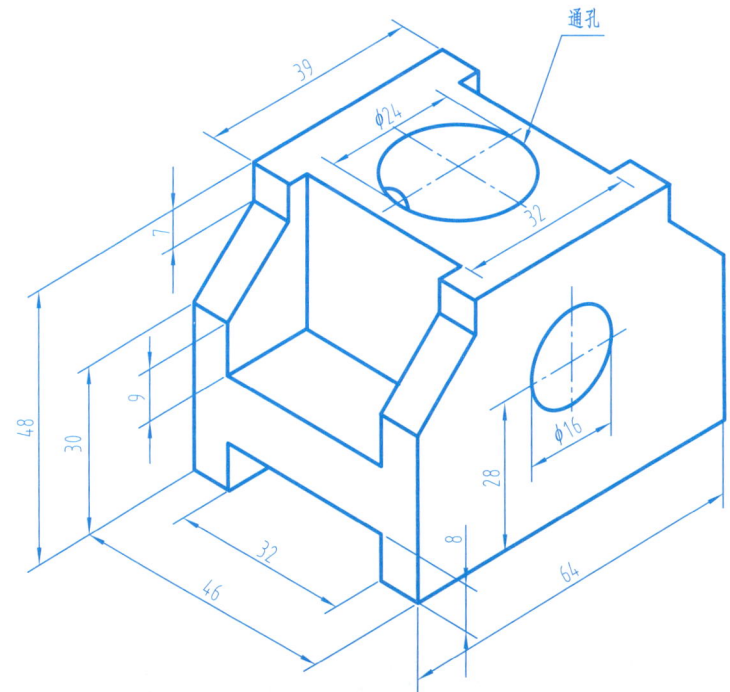

通孔

$\phi 24$

$\phi 16$

39

7

48

30

9

32

46

28

8

64

1.

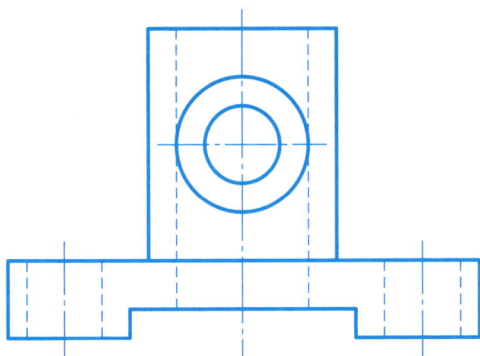

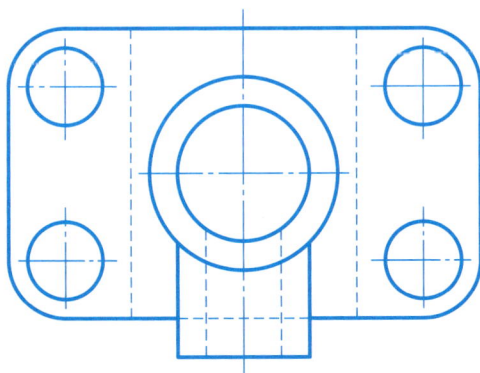

2.

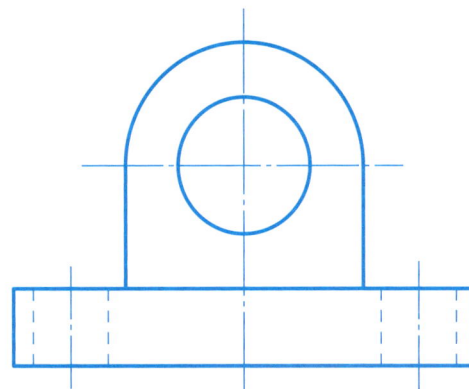

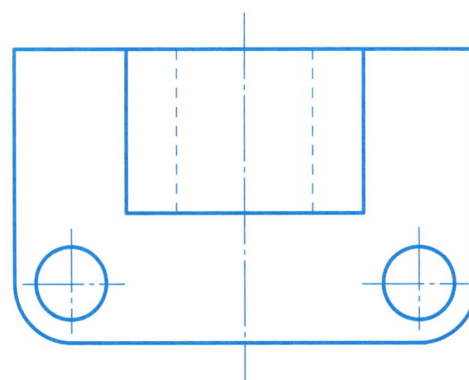

3.

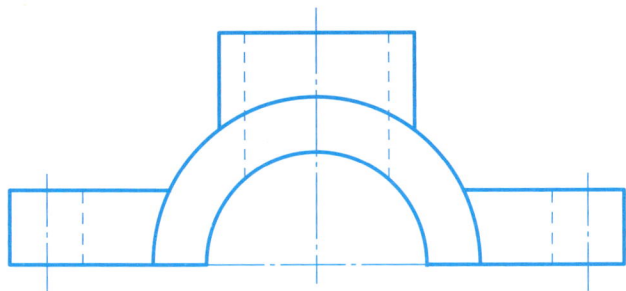

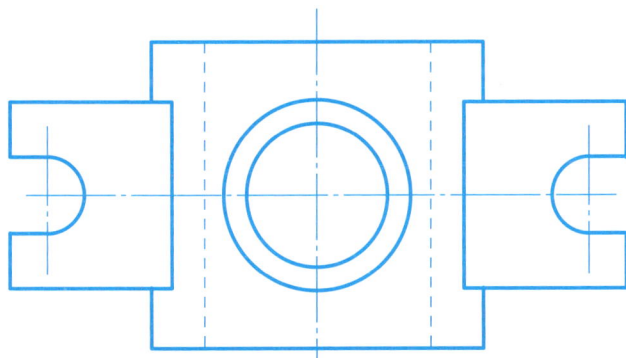

4.

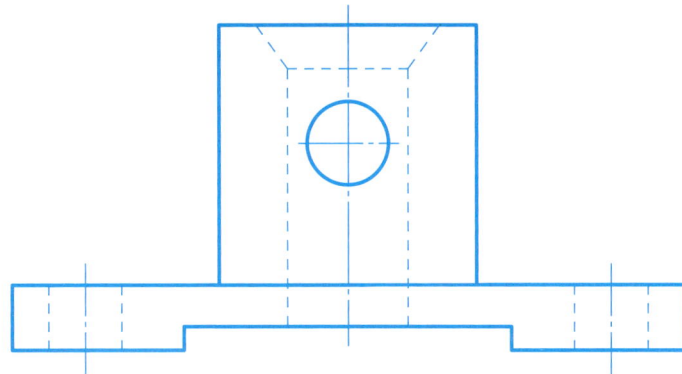

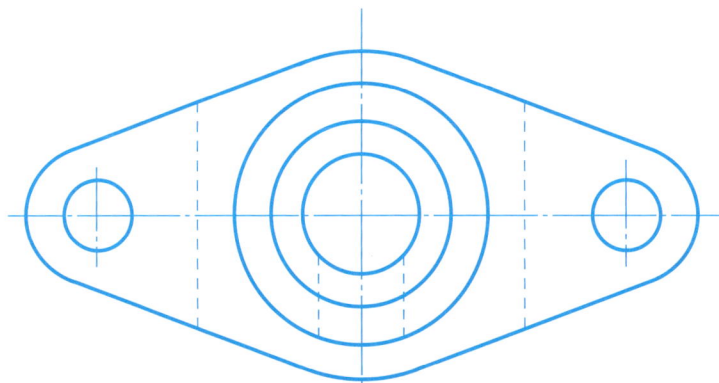

1.

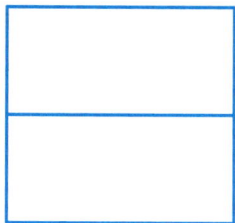

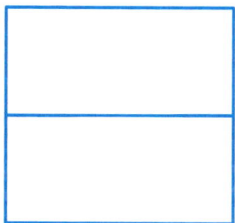

2.

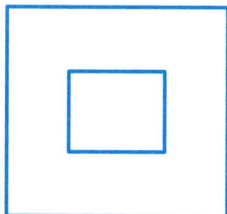

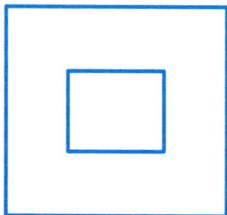

4-5 根据相同主视图，设计出四个不同的组合体，并画出它们的俯、左视图。

1.
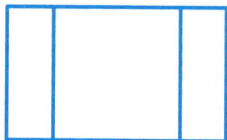

2.
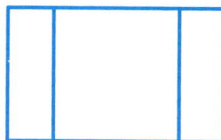

3.
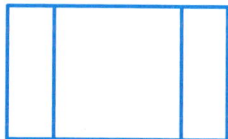

4.
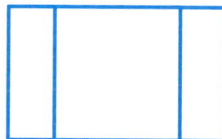

1.

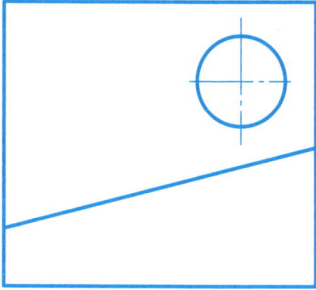

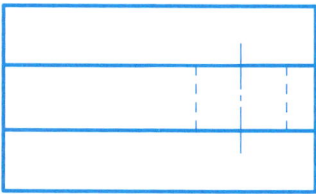

2.

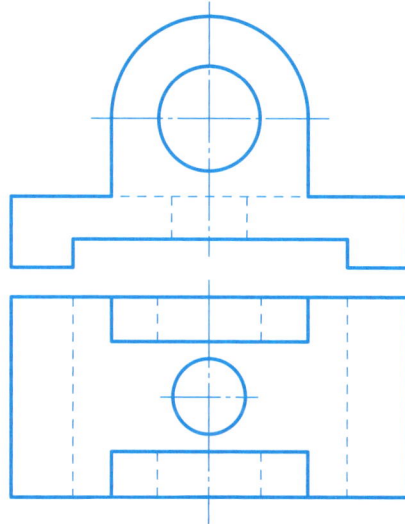

3.

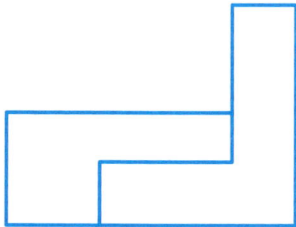 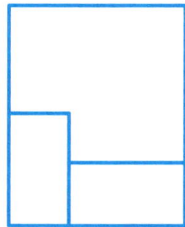

4.

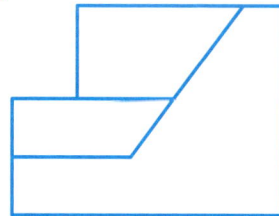

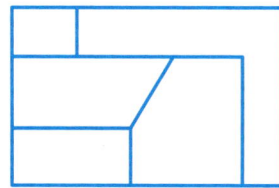

5.

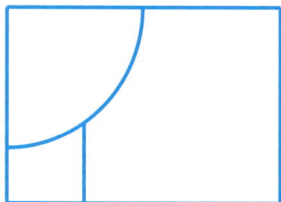

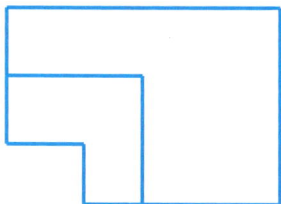

6.

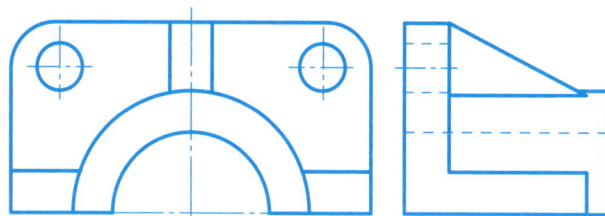

7.

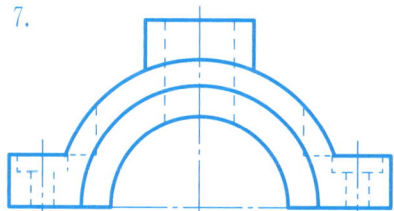

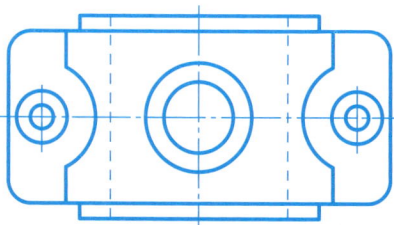

8.

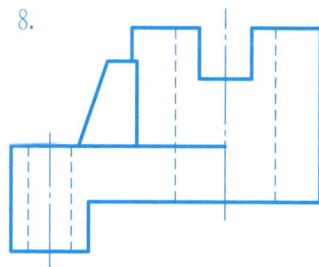

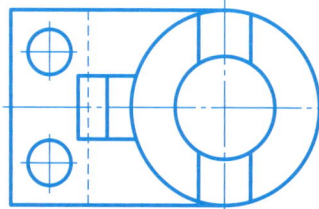

作 业 指 导

一、内容

根据轴测图画组合体三视图，并标注尺寸。

二、目的

学会运用形体分析法和线面分析法画组合体的三视图，并标注尺寸。

三、要求

1. 图名：组合体三视图。

2. 图幅：A3。

3. 比例：自选。

4. 按照尺寸标注的方法标注各类尺寸。

四、提示

1. 阅读轴测图，对组合体进行形体分析和尺寸分析，弄清其结构和大小，并确定主视图的投射方向。

2. 布图要均匀，在各视图间要留有尺寸标注的地方。

3. 注意国家标准对各类图线画法的要求，画图时应规范表达。

4. 正确使用绘图仪器，掌握规范的操作方法。

图一：

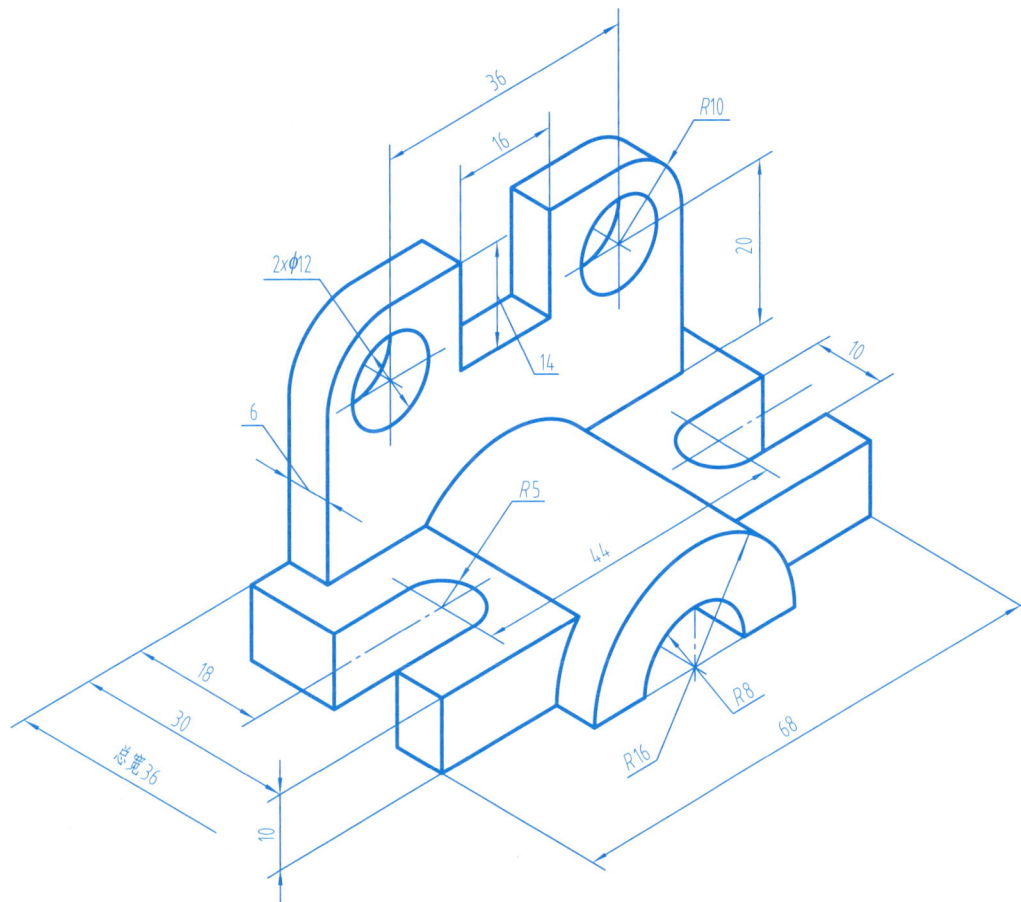

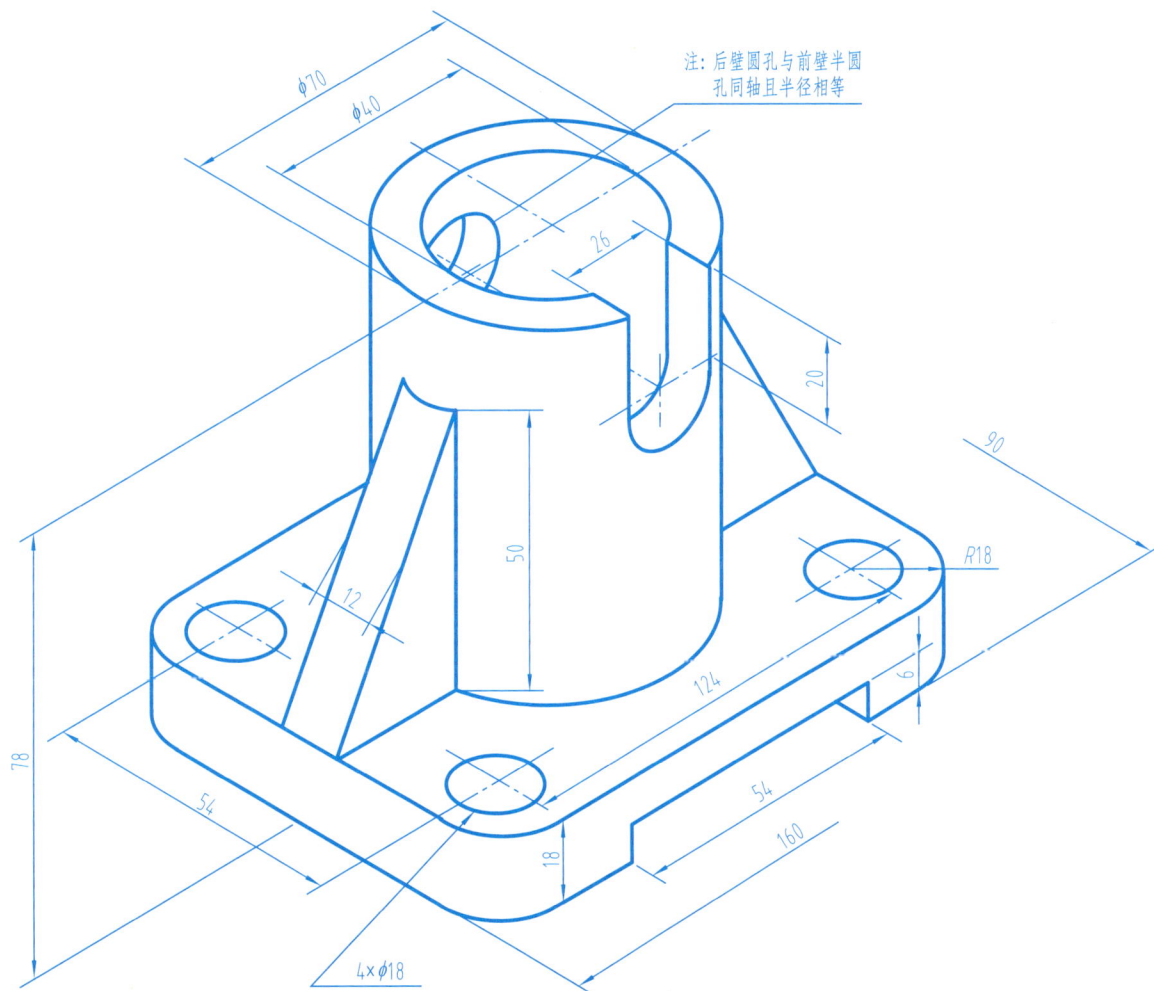

图二：

注：后壁圆孔与前壁半圆
孔同轴且半径相等

φ70
φ40
26
20
90
R18
50
12
6
124
78
54
54
160
18
4×φ18

图三：

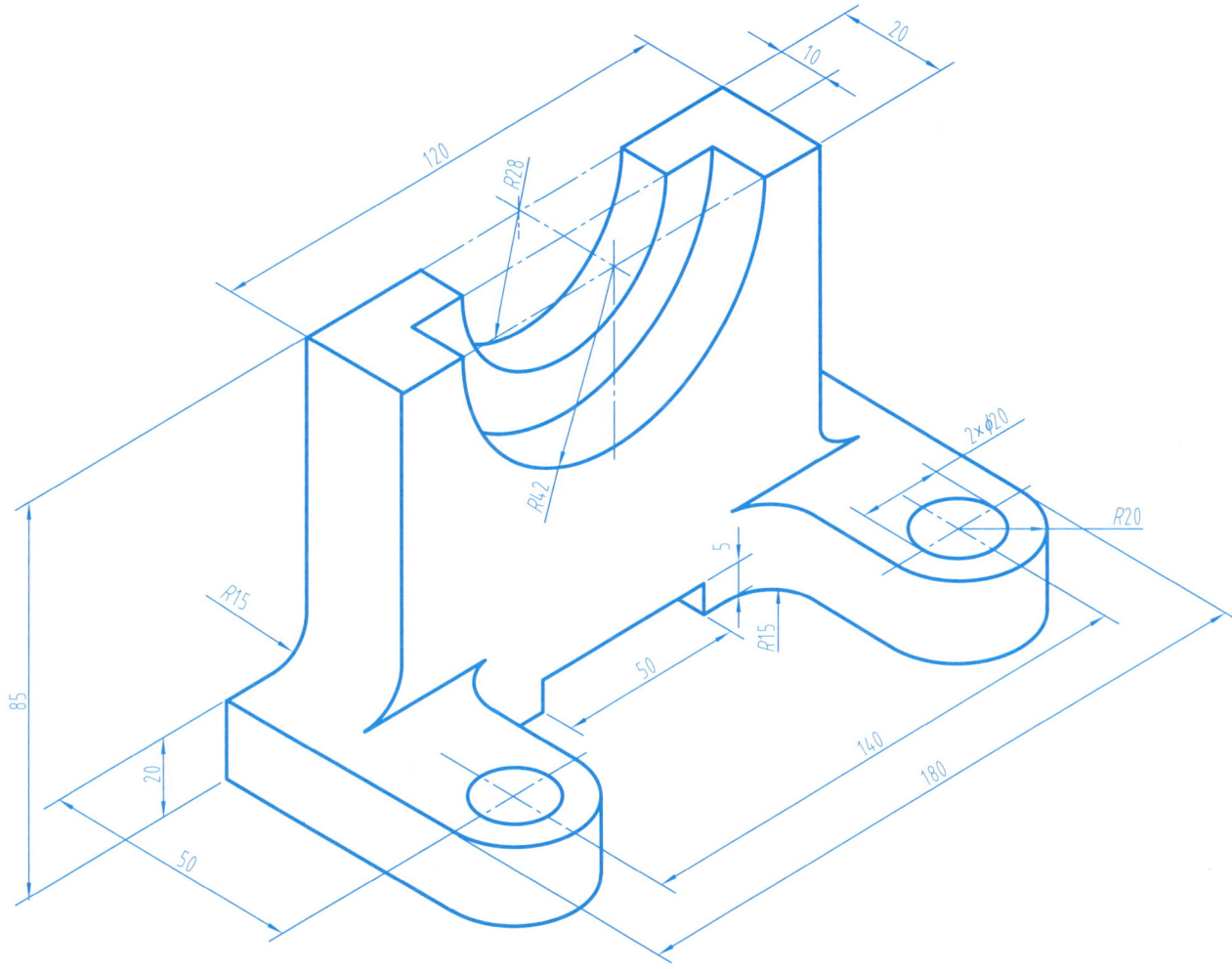

5-1　画出下列物体的正等测图（一）。　　　　　　　　　　　　　　班级　　　姓名　　　学号　　　第 37 页

1.

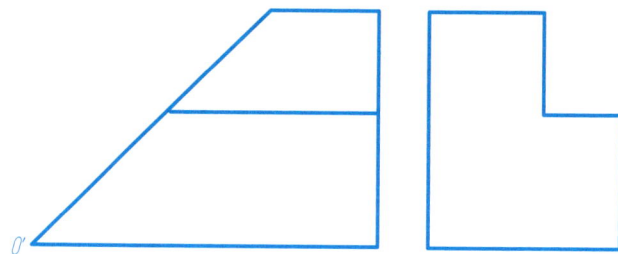

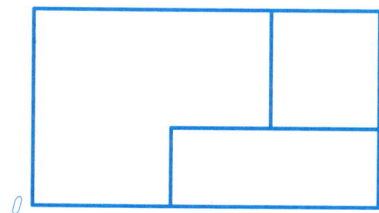

2.

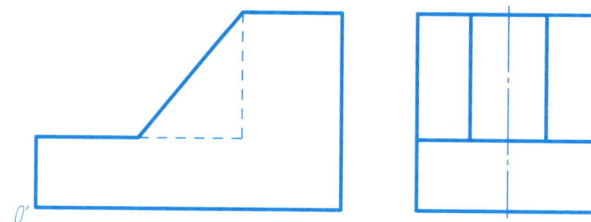

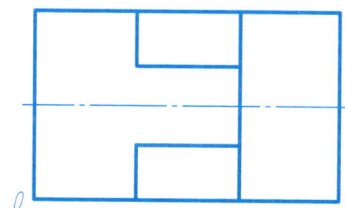

3.

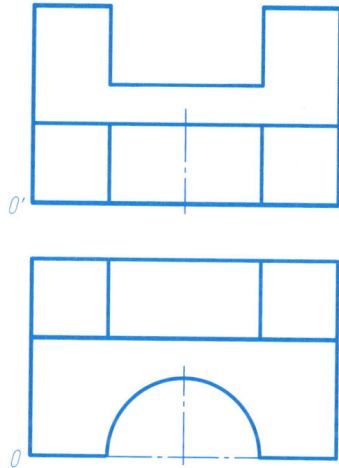

4.

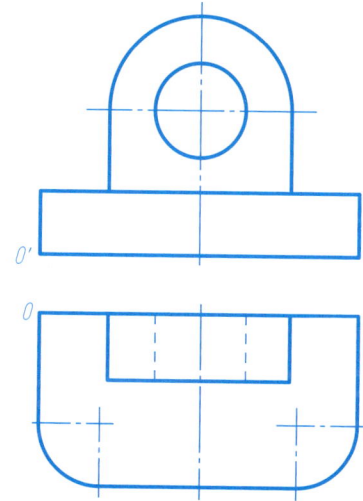

1.

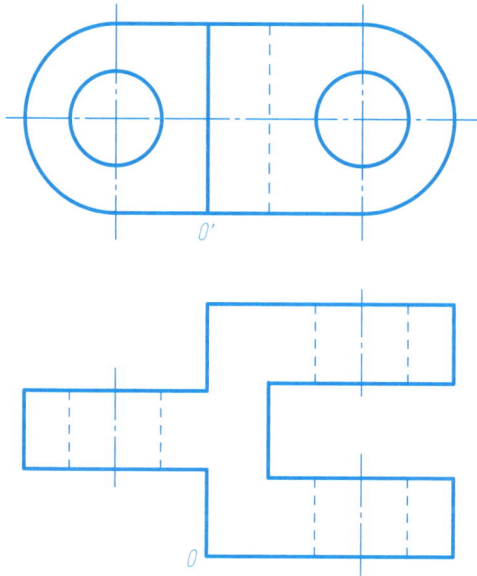

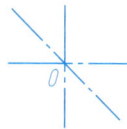

2.

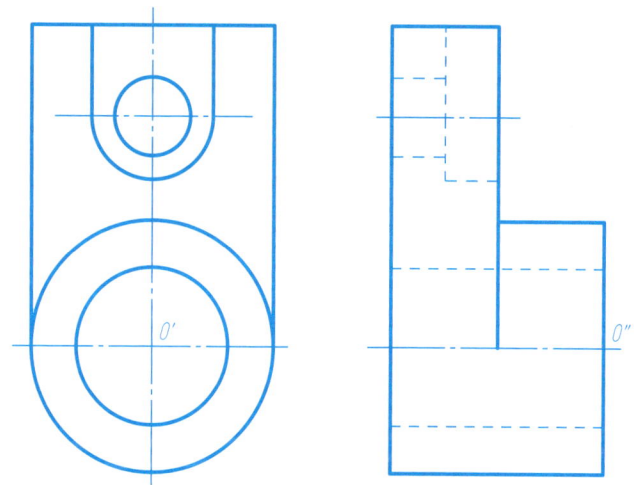

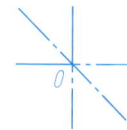

1.

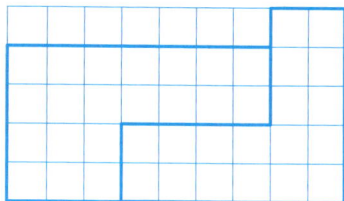 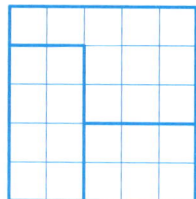

2.

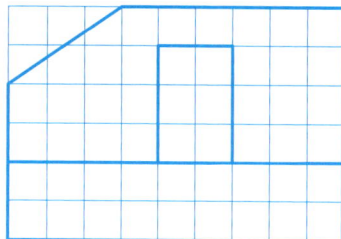 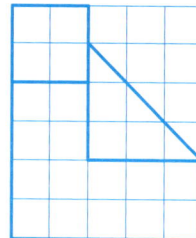

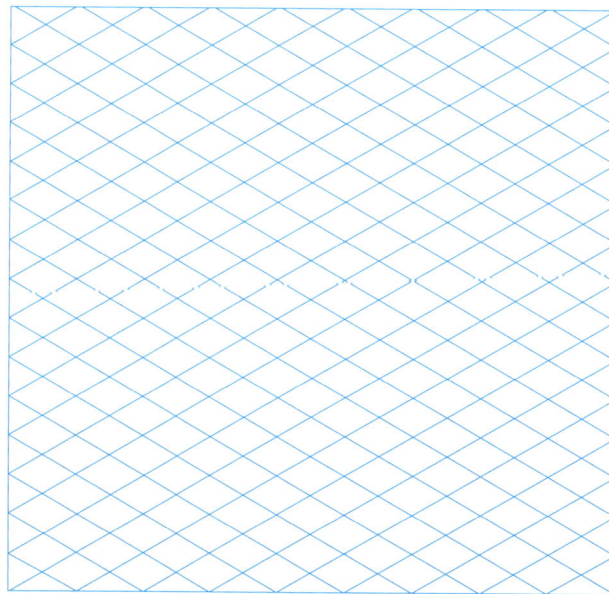

6-1　根据机件的主、俯、左视图，补画右、后、仰视图。　　　　　　　　　班级　　　　姓名　　　　学号　　　　第41页

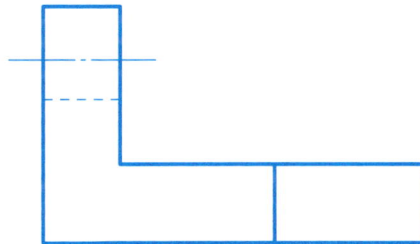

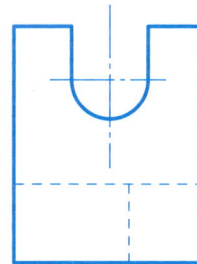

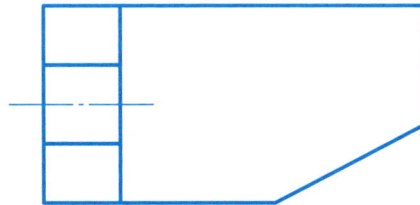

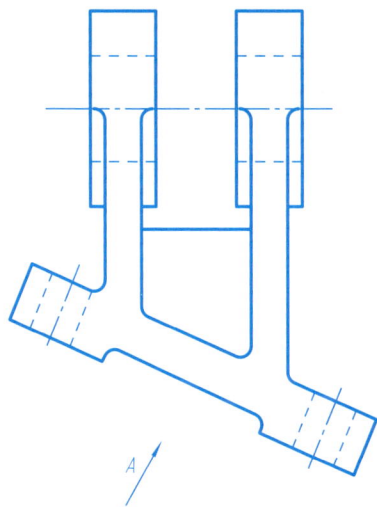

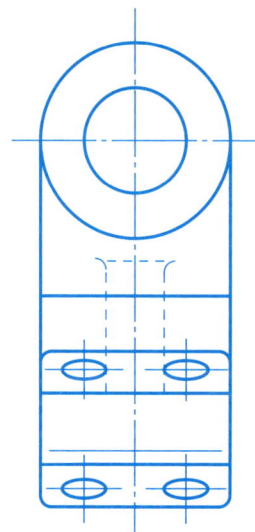

1.

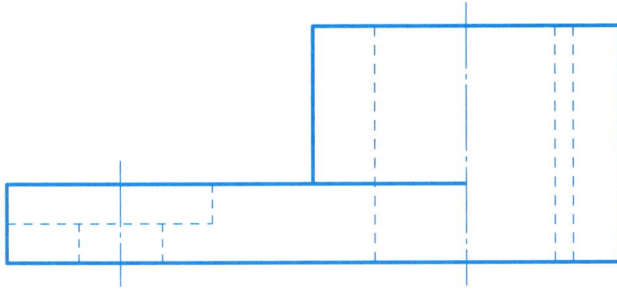

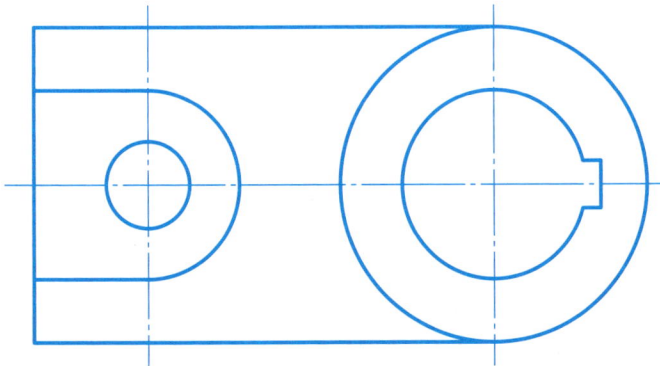

2.

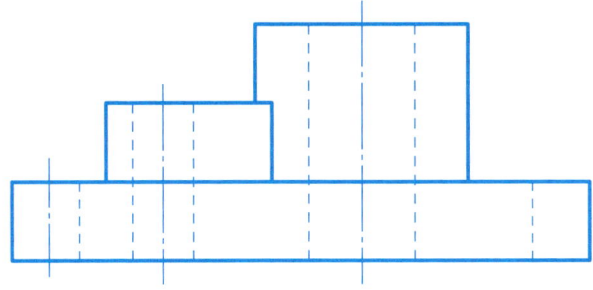

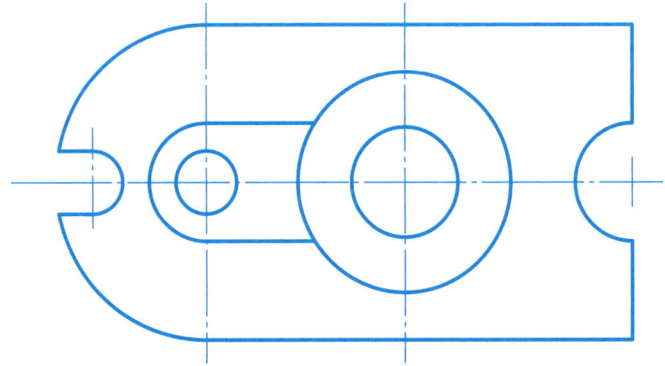

1.

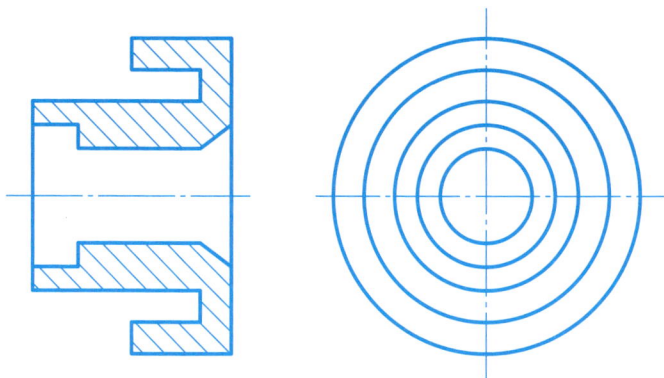

2.

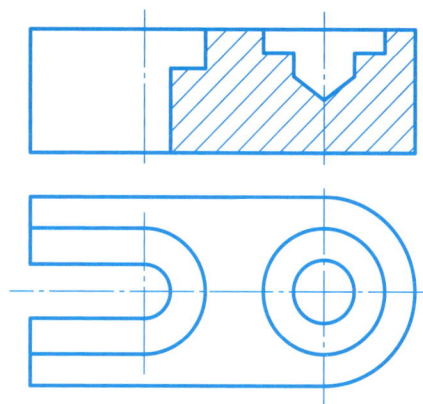

3.

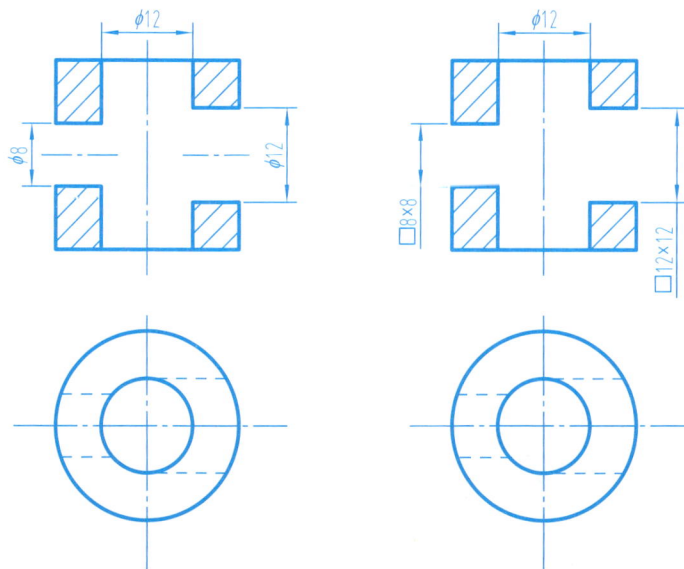

4.

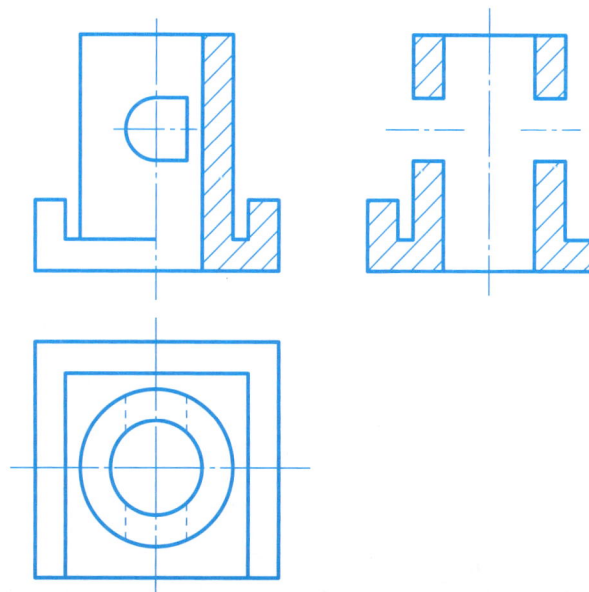

1.

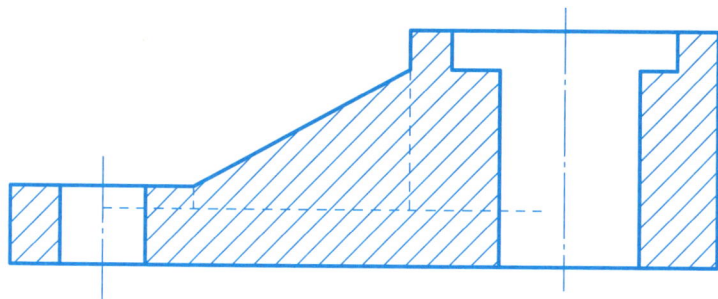

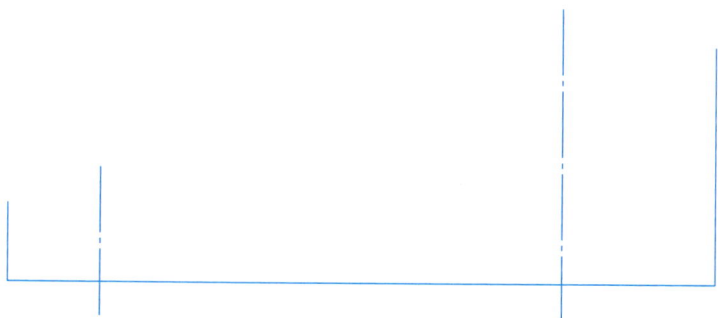

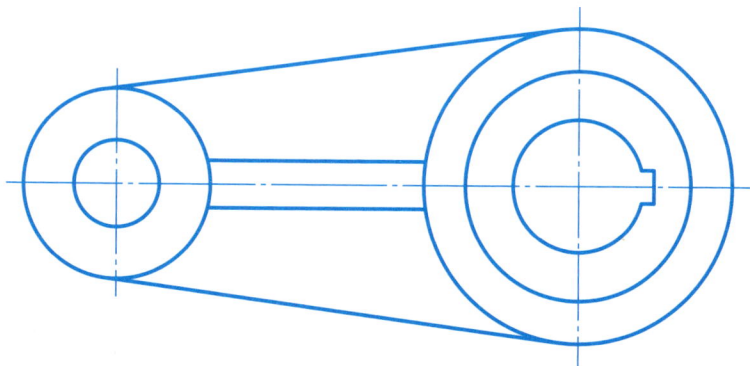

2.

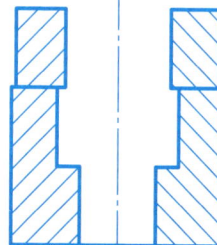

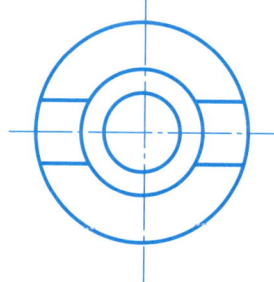

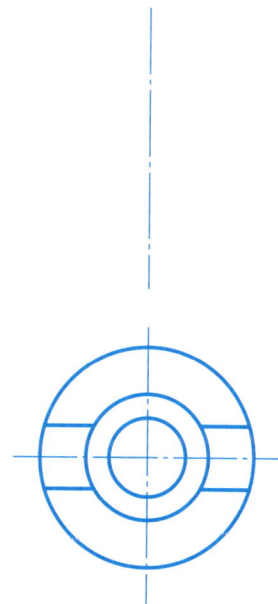

1. 在指定的位置将主视图改画为全剖视图，将左视图画为半剖视图。

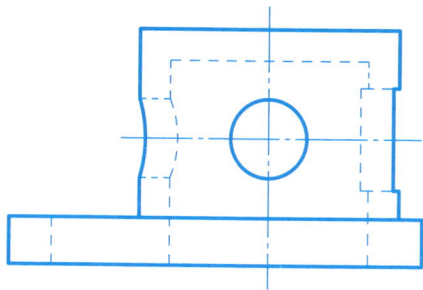

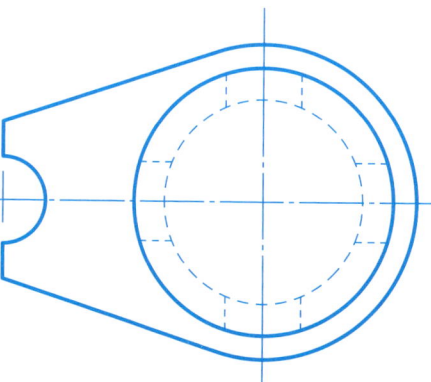

2. 在指定的位置将主视图改画为半剖视图。

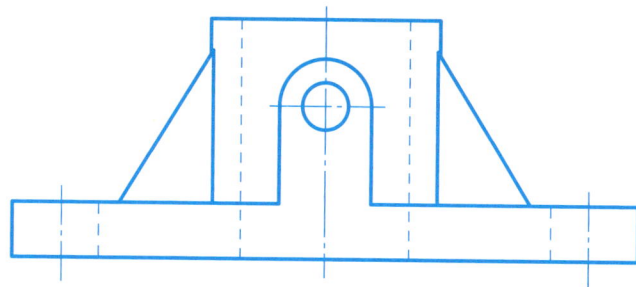

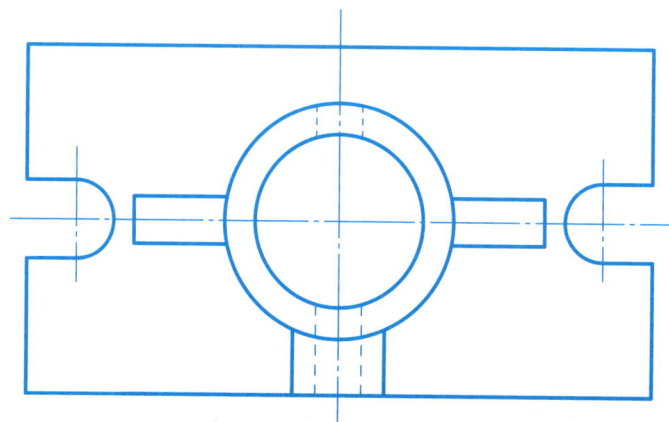

1.

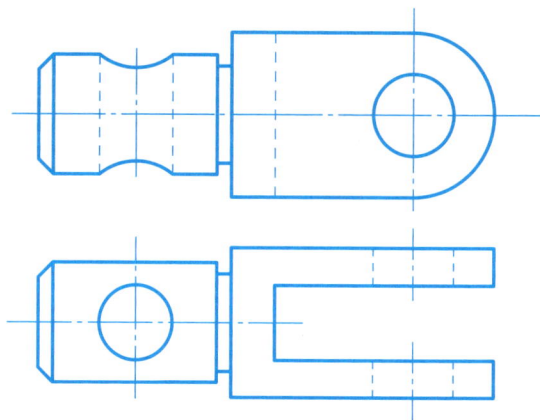 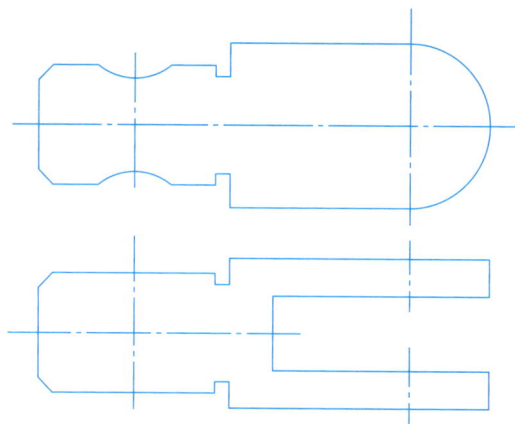

2.

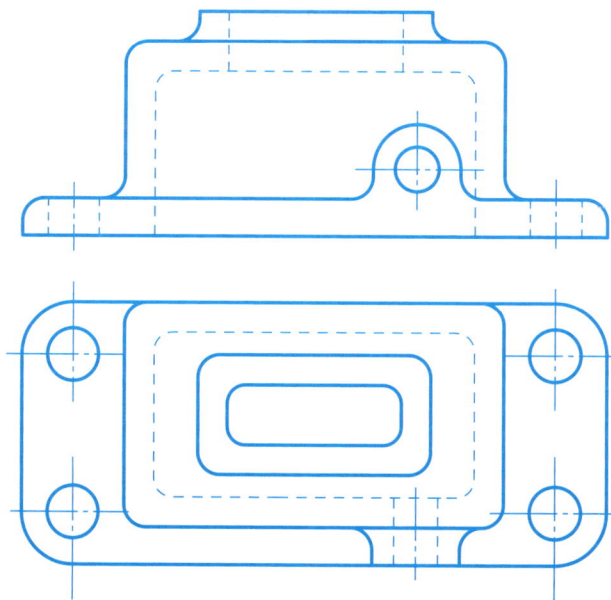 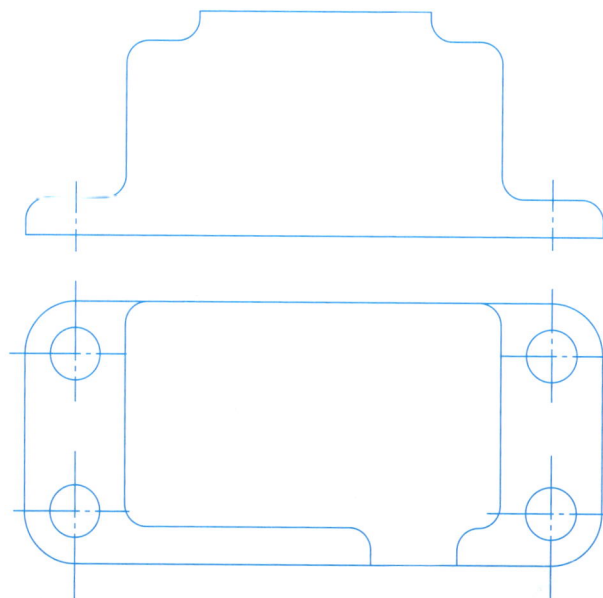

1.

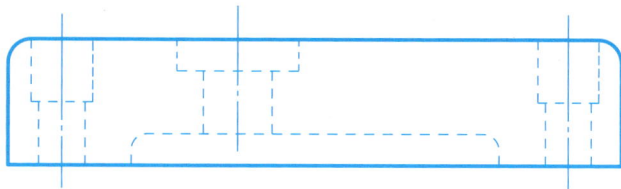

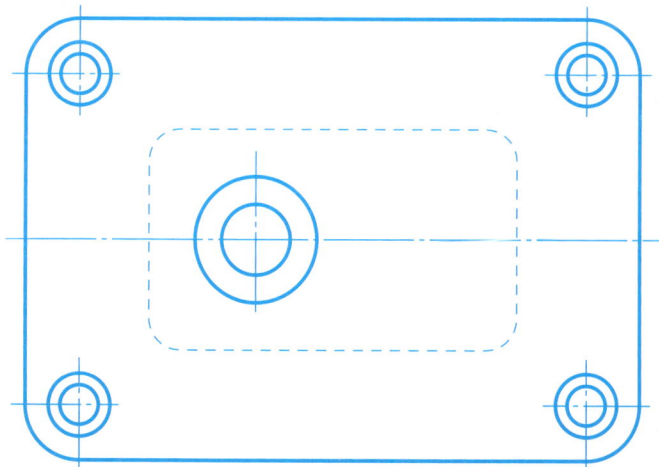

2.

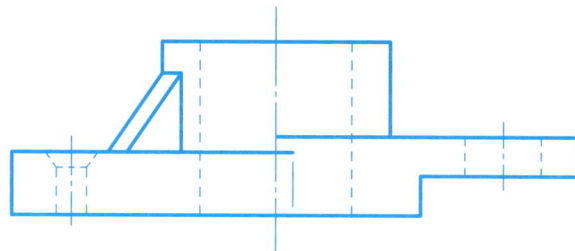

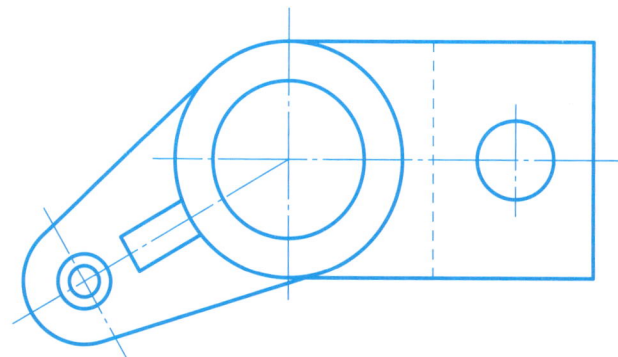

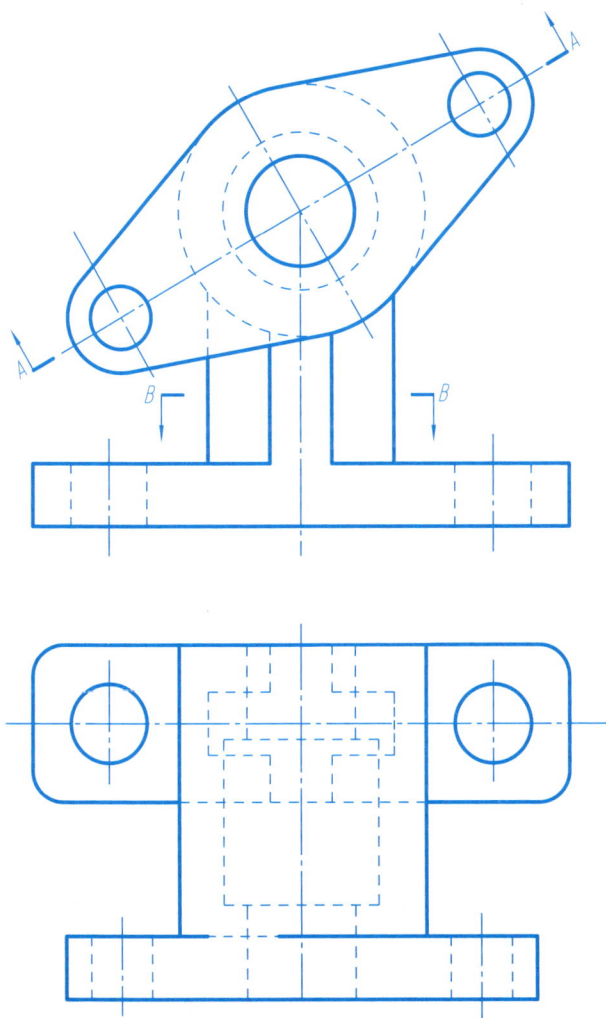

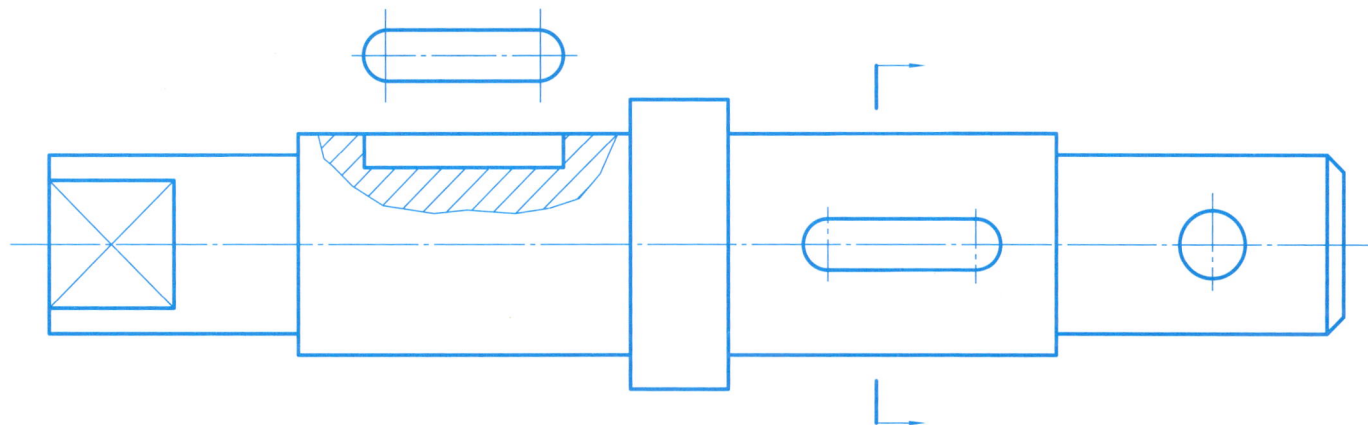

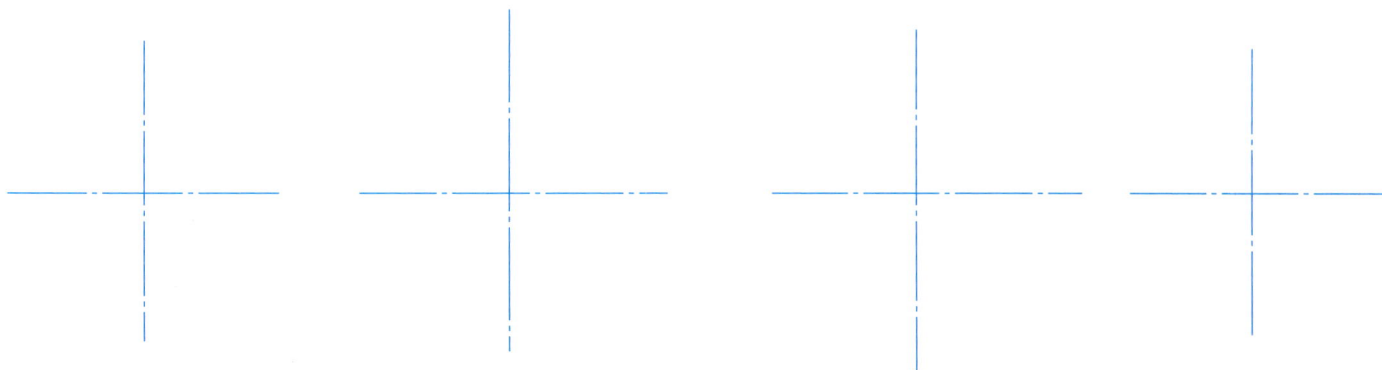

1. 画出肋板的重合断面图。

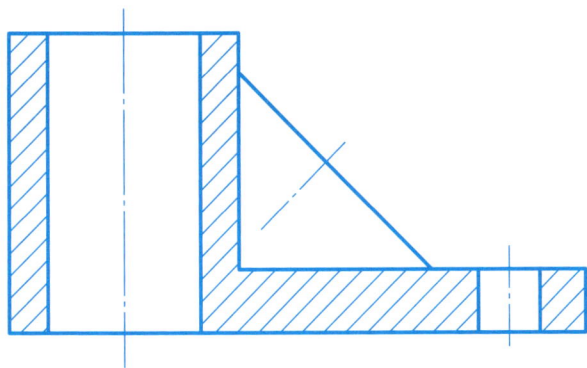

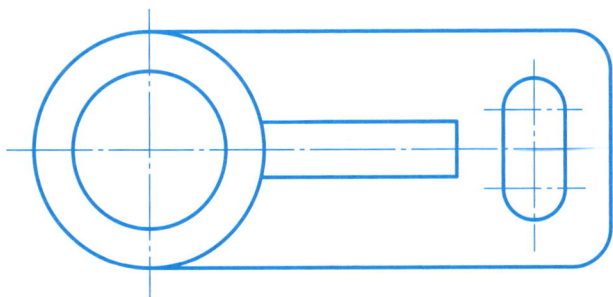

2. 在指定位置处画出移出断面图。

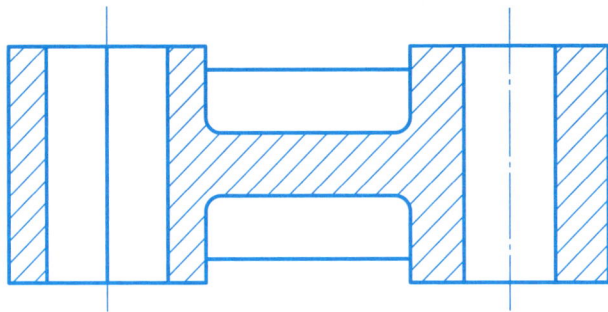

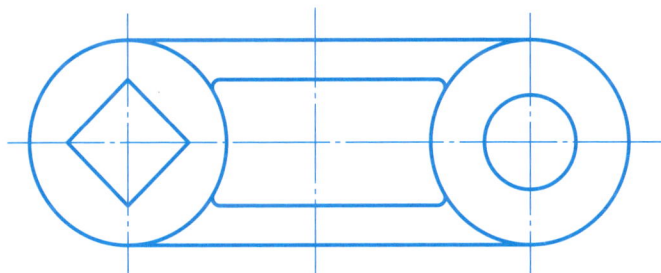

作业　表达方法综合练习

一、内容

根据所给机件的视图，选择合适的表达方法，将机件的内外结构形状表达清楚。本作业共包括3个小题，选择其中的1或2题，采用A3图幅，1∶1的比例，并标注尺寸。

二、目的

培养综合运用视图、剖视图、断面图等各种表达方法表达机件的能力。

三、要求

1. 在完整、清楚地表达机件内、外部形状的前提下，力求看图方便、作图简单。

2. 各种表达方法的画法及标注正确，图形正确，符合投影关系；线型粗细分明，应用正确；尺寸标注完整、清晰，符合国家标准的相关规定。

1.

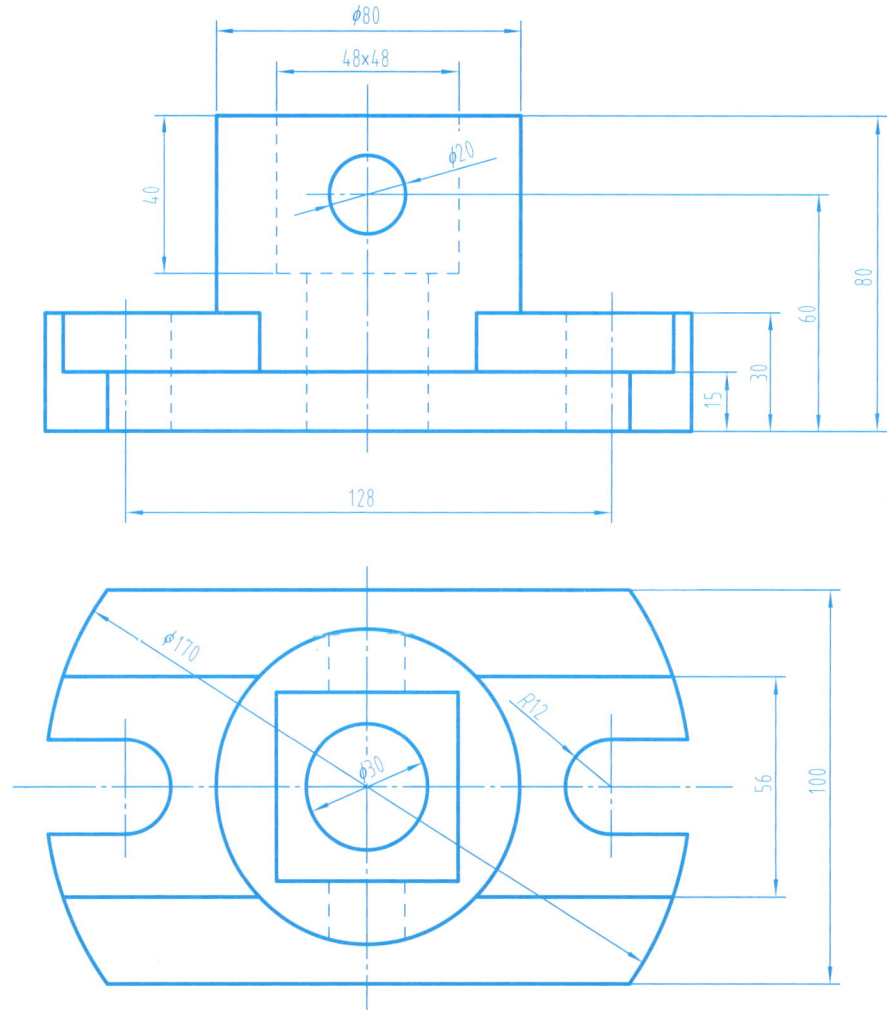

2.

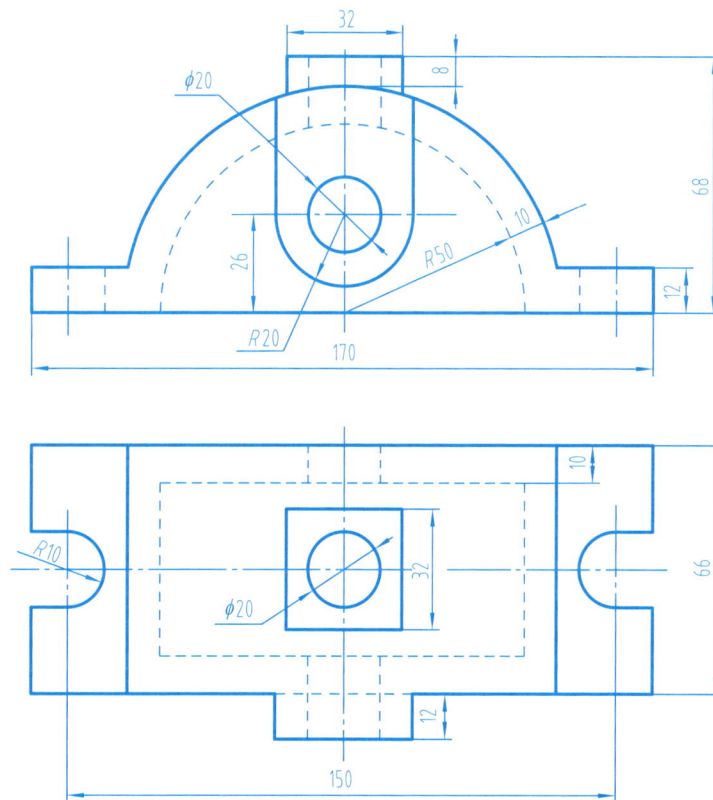

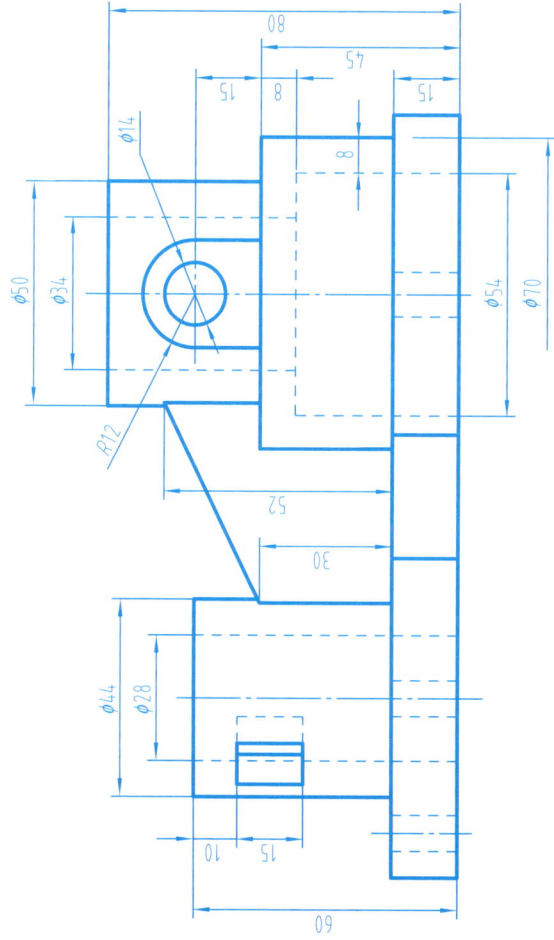

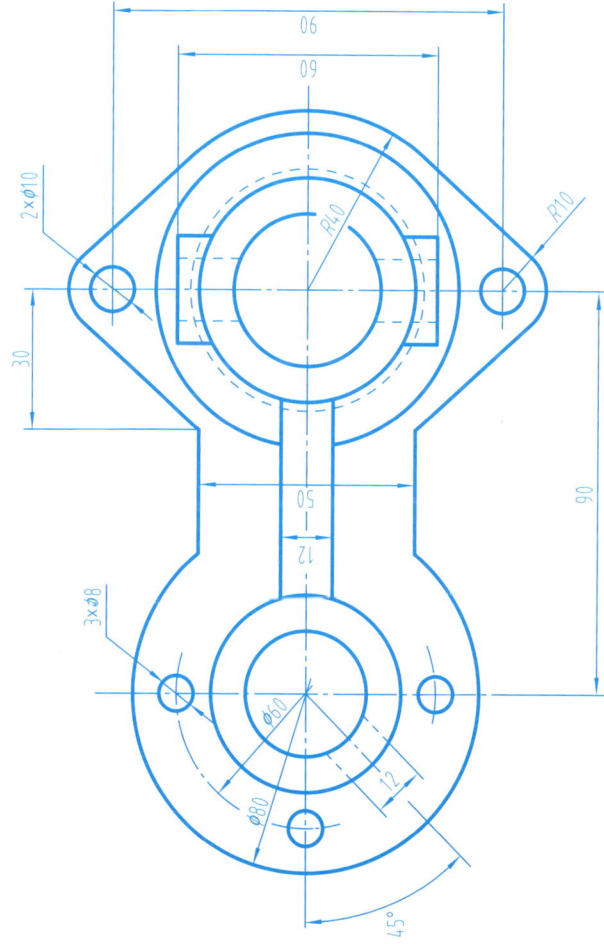

6-12 表达方法综合练习（要求：补画左视图并将主、俯、左视图采用适当的剖视）（三）。

3.

7-1　分析螺纹的错误画法，在指定处画出正确的图形。　　　　　　　　班级　　　姓名　　　学号　　　第 55 页

1.

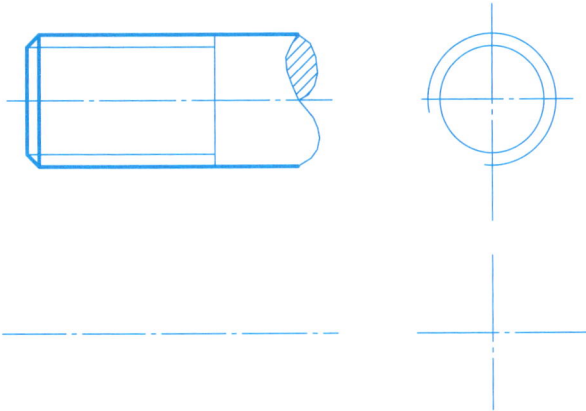

2.

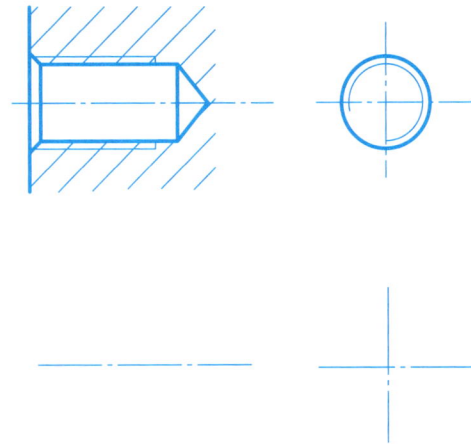

3.

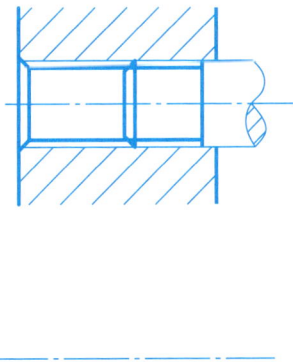

4.

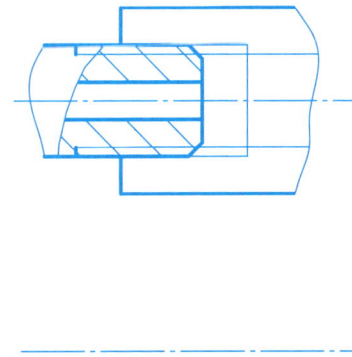

1. 粗牙普通螺纹，大径20，螺距2.5，中径和顶径的公差带代号为7H，右旋。

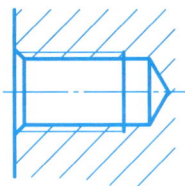

2. 细牙普通螺纹，大径20，螺距1.5，中径和顶径的公差带代号为6h，左旋。

3. 梯形螺纹，公称直径24，导程10，双线，左旋，中径的公差带代号为7e。

4. 非螺纹密封的管螺纹，尺寸代号3/4，A级，右旋。

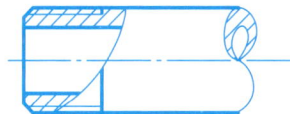

7-3　根据螺纹代号，查表并填写螺纹各要素。

1. 该螺纹为_____螺纹，公称直径_____mm，螺距为_____mm，线数为_____，旋向为_____。

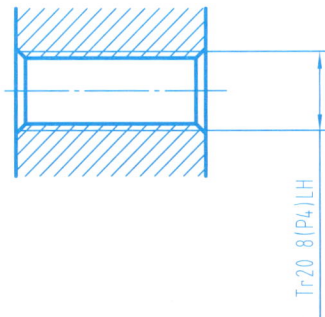

Tr20 8(P4)LH

2. 该螺纹为_____螺纹，尺寸代号_____，大径为_____mm，小径为_____mm，螺距为_____mm，旋向为_____。

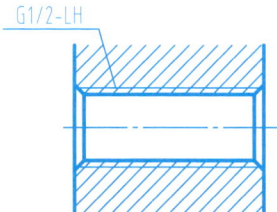

G1/2-LH

7－4　螺纹紧固件的连接（一）。

1. 画螺栓连接的三视图（主视图画成全剖视图）。

已知条件：螺栓 GB/T 5782—2016 M20×L，螺母 GB/T 6170—2015 M20，垫圈 GB/T 97.1—2002
20—140HV，δ_1＝20mm，δ_2＝25mm。

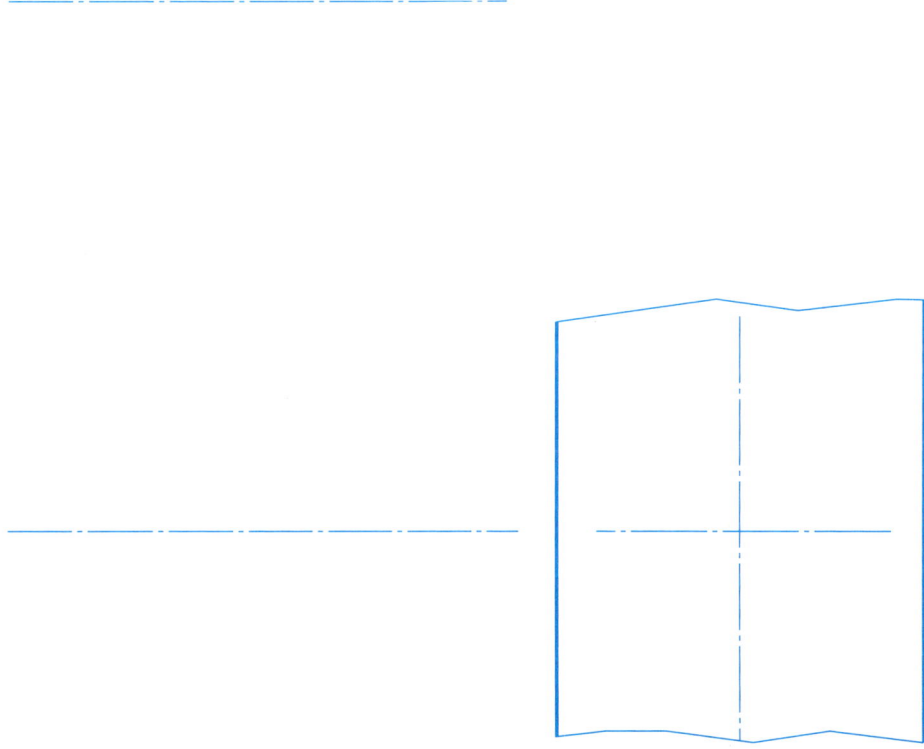

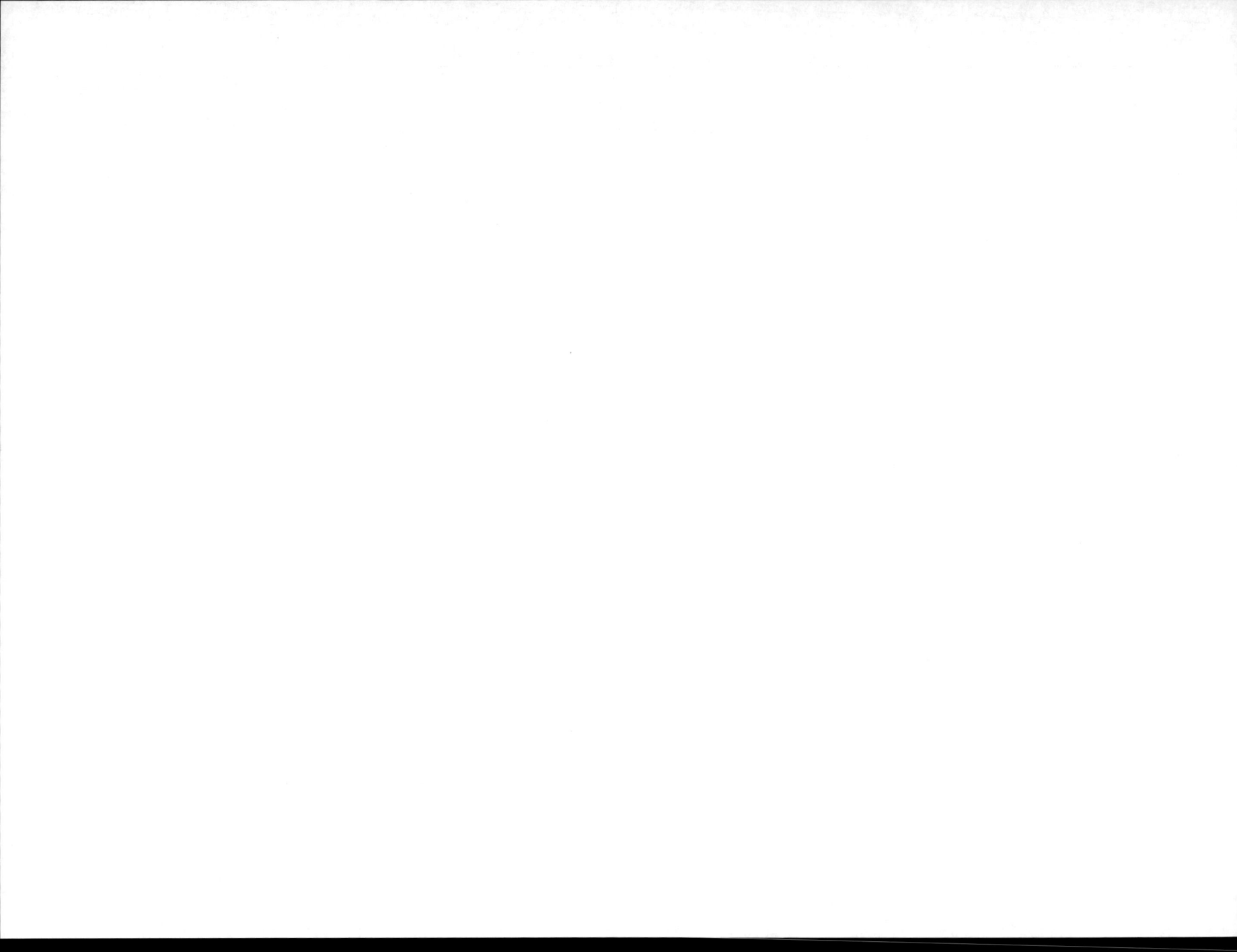

7 - 4　螺纹紧固件的连接（二）。

2. 画双头螺柱连接的两视图（主视图画成全剖视图）。

已知条件：螺柱 GB 898—1988 M20×L，螺母 GB/T 6170—2015 M20，垫圈 GB 93—1987 20，光孔件厚度，δ=20mm，螺孔件材料为铸铁。

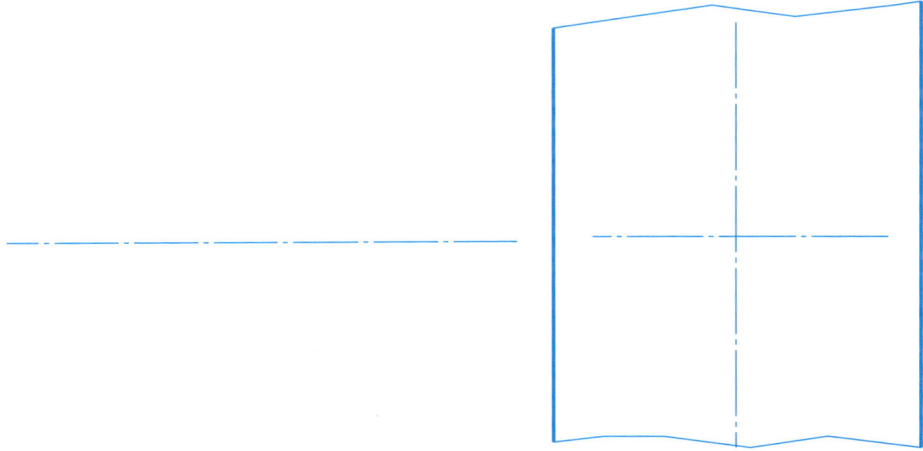

7-4　螺纹紧固件的连接（三）。

3. 画螺钉连接的两视图（2∶1）。

已知条件：螺钉 GB/T 68—2016 M8×L，光孔件厚度 δ=15mm，螺孔件材料为铸铁。

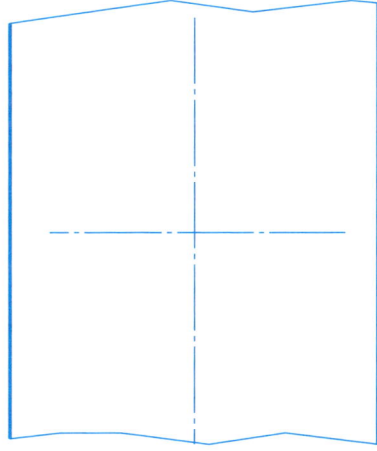

1. 已知一直齿轮 $m=3$，$z=23$，画出其两面视图。

2. 已知两齿轮 $m=2$，$z_1=17$，$z_2=25$，画出两齿轮的啮合图（小齿轮为平板式，轴孔 $D_2=12$mm，给出图形为大齿轮）。

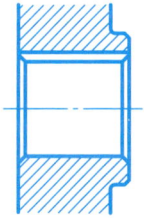

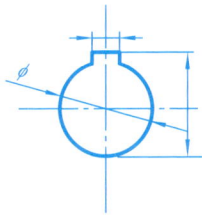

1. 普通平键

(1) 按轴径（由图中量取）查表画出键槽 $A—A$ 剖面图，并标注尺寸。

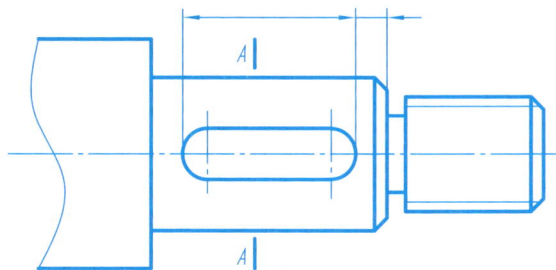

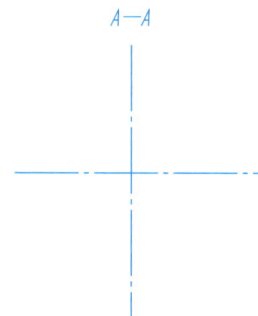

$A—A$

(2) 画出与上轴相配合的齿轮轴孔的键槽图，并标注尺寸。

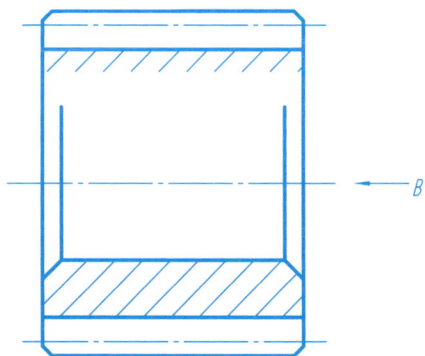

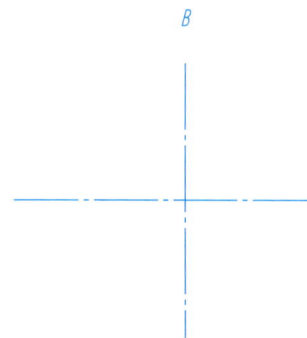

B

（3）画出（1）、（2）两题的轴与轮用键连接的装配图，写出键的规定标记。

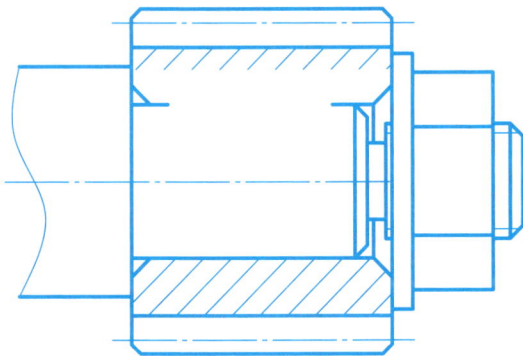

标记_____

2. 销

（1）画出 $d=6$、A型圆锥销连接图（补齐轮廓线和剖面线），写出该销的标记。

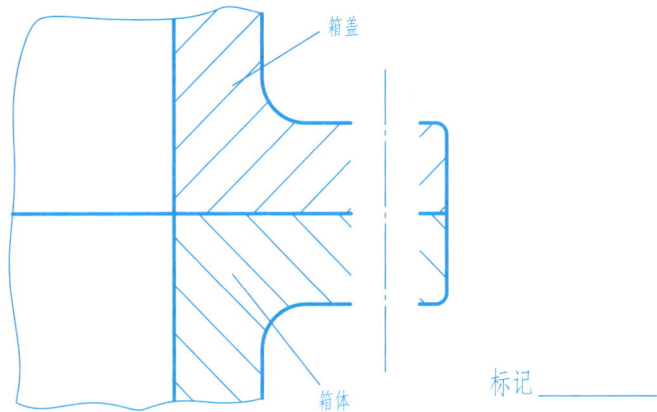

箱盖

箱体　　　　　　标记_____

（2）画出 $d=6$、A型圆柱销连接图，写出该销的标记。

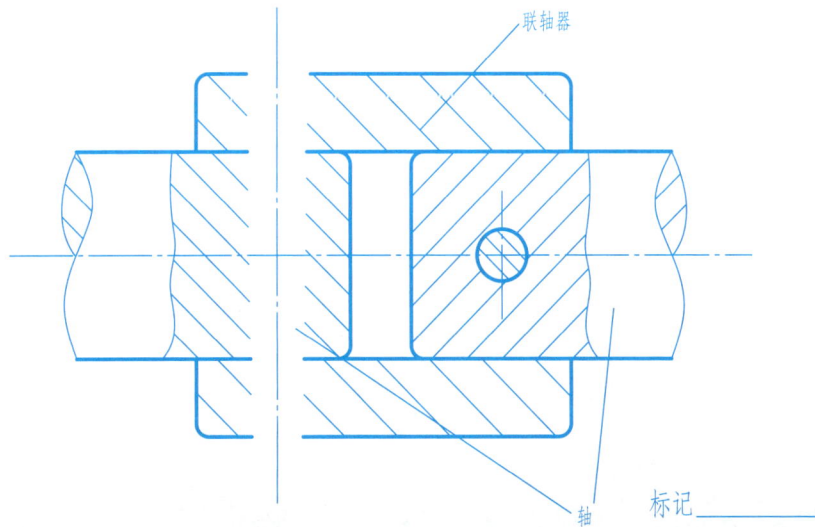

联轴器

轴　　　　标记_____

8-1 识读输出轴零件图，并回答提出的问题。　　　　　　　班级　　　姓名　　　学号　　　第63页

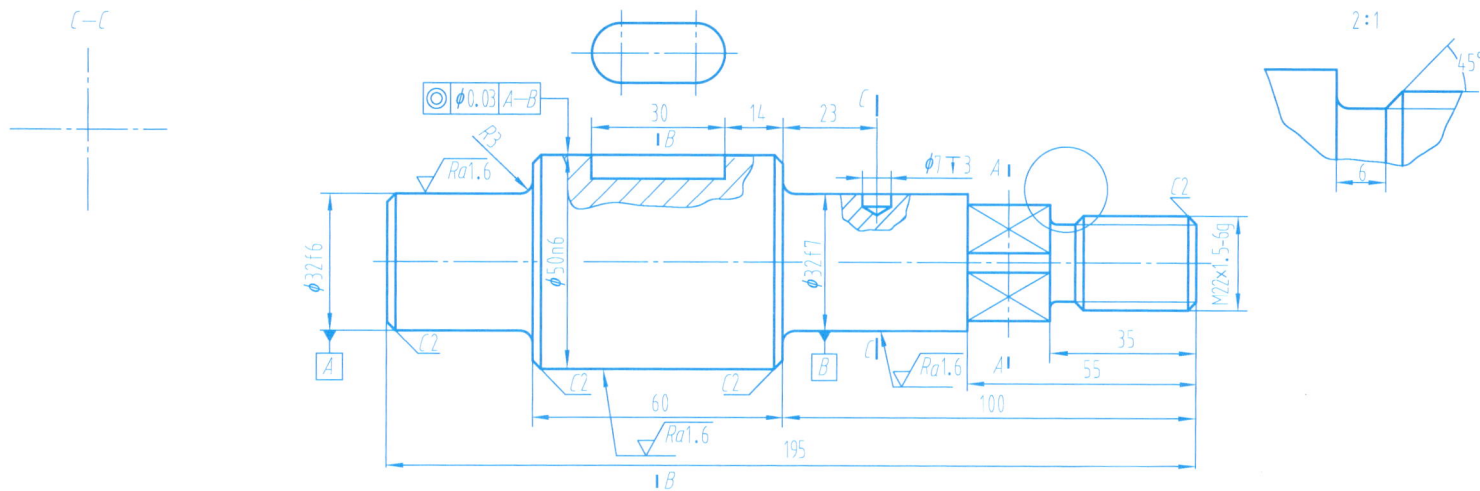

1. 该零件图采用了哪些表达方法? _____。

2. 指出零件的长、宽、高三个方向的尺寸基准。

3. 主视图上的尺寸195、60、14、23、φ7属于哪类尺寸?

　　总体尺寸_____；

　　定位尺寸_____；

　　定形尺寸_____。

4. 在图中将 Ra 的最大允许值为1.6的部位圈出。

5. φ32f7 的上偏差_____，下偏差_____，最大极限尺寸_____，最小极限尺寸_____，公差_____。

6. 在图上作出 C—C 移出断面图。

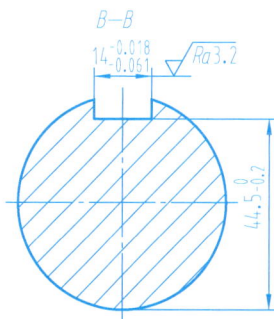

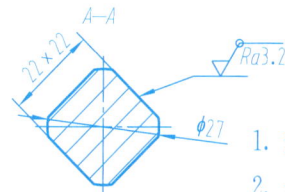

技 术 要 求

1. 热处理：调质 220～230HB。

2. 未注圆角 R1.5。

3. 未注尺寸公差按 IT14 级。

$\sqrt{Ra6.3}$ (√)

输出轴	材料	45	比例	
			图号	
设计				
制图				

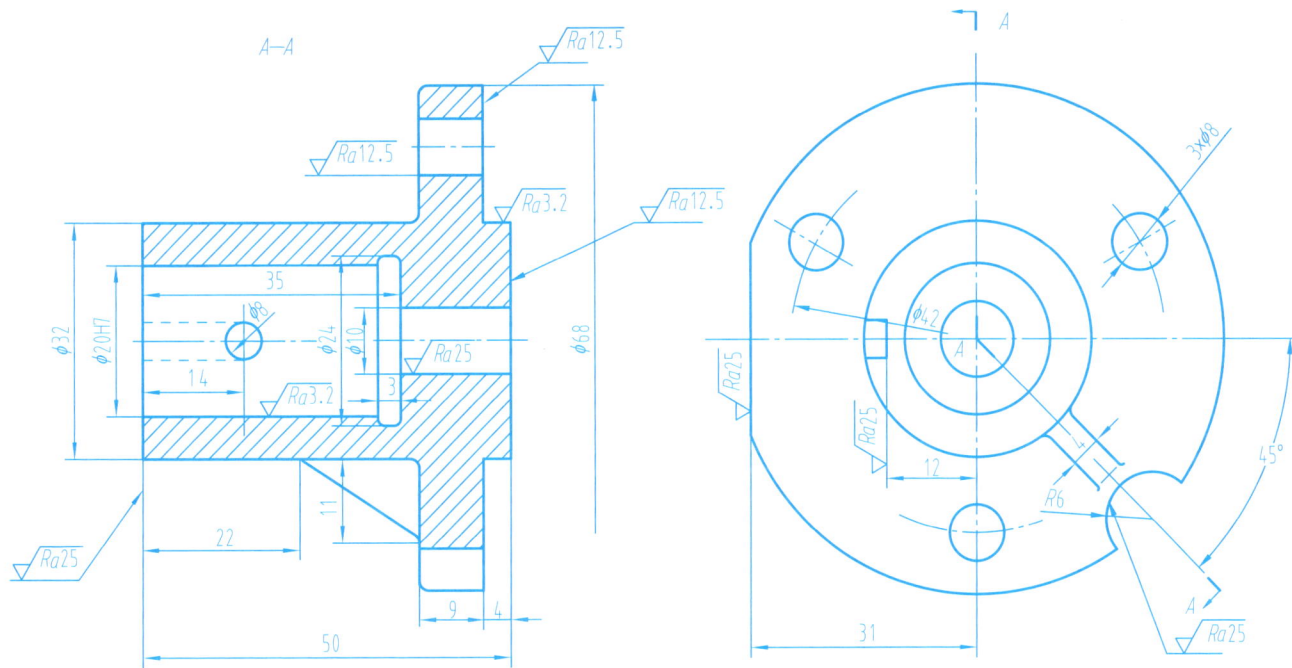

A—A

$Ra12.5$

$Ra12.5$

$Ra3.2$

$Ra12.5$

$\phi32$ $\phi20H7$ $\phi8$ $\phi24$ $\phi10$

35

14

$Ra3.2$

$Ra25$

3

$\phi68$

$Ra25$

11

22

9 4

50

A

$3\times\phi8$

$\phi4.2$

A

$Ra25$

$Ra25$

12

R6

45°

A

$Ra25$

31

1. 根据零件名称和结构形状，此零件属于＿＿＿＿＿＿＿＿＿＿类零件。

2. 该零件采用了哪些表达方法？＿＿＿＿＿＿＿＿＿＿＿＿＿＿＿＿＿＿＿＿＿＿。

3. 指出零件长、宽、高三个方向的尺寸基准。

4. 主视图中的尺寸$\phi32$、$\phi24$、50、9、14、35、3属于哪一类尺寸？＿＿＿＿＿＿＿＿＿＿。

5. $\phi20H7$的公差带代号＿＿＿＿＿，公称尺寸＿＿＿＿＿，最大极限尺寸＿＿＿＿＿，最小极限尺寸＿＿＿＿＿，尺寸公差＿＿＿＿＿。

6. 在主视图上作出肋板的重合断面图。

技术要求

未注铸造圆角R2。

$\sqrt{\ }(\sqrt{\ })$

盘　盖		材料	HT150
		数量	
制图		重量	
描图		比例	1:1
审核		图号	

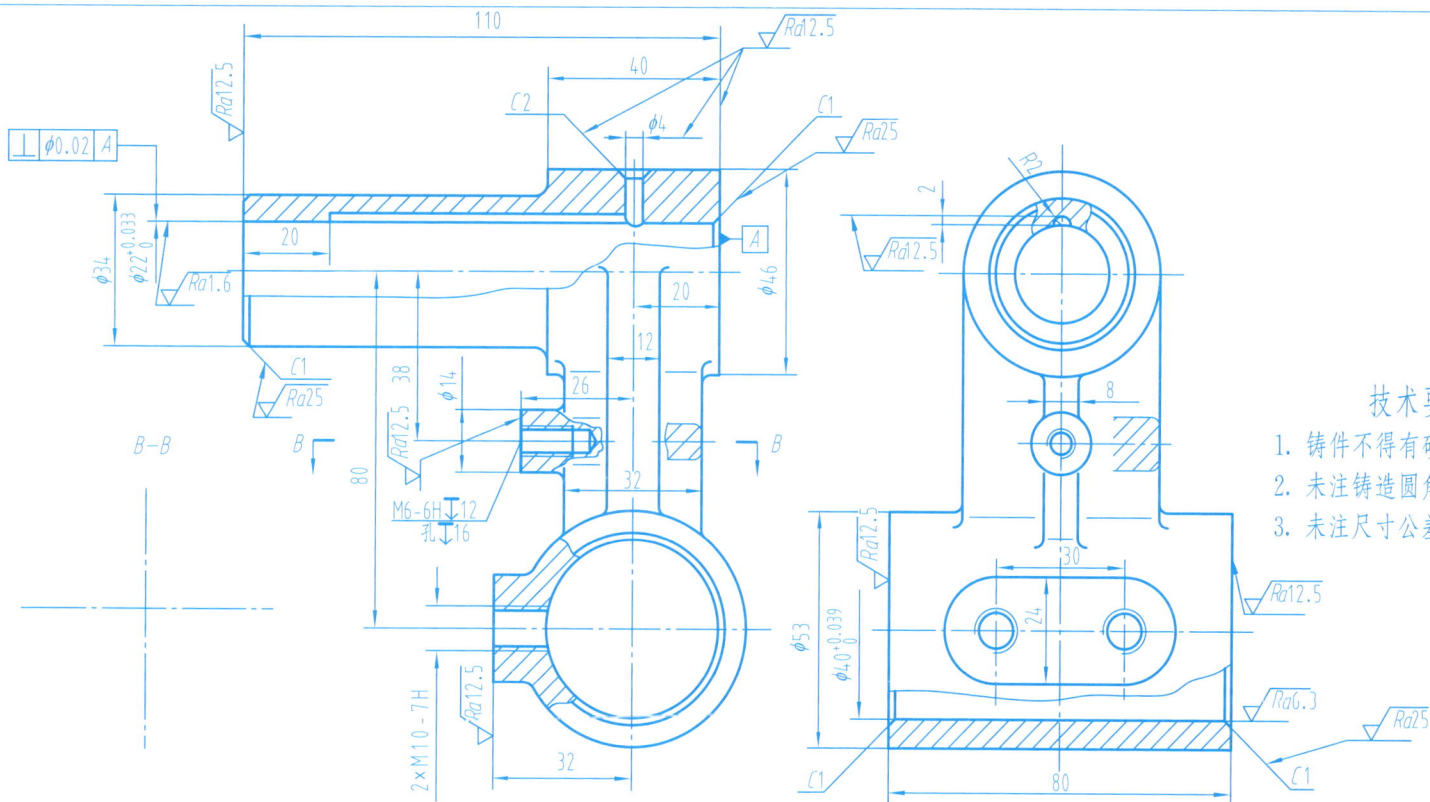

技术要求

1. 铸件不得有砂眼、裂纹。
2. 未注铸造圆角 R2～R3。
3. 未注尺寸公差按 T16 级。

1. 根据零件名称和结构形状，此零件属于＿＿＿＿＿＿类零件。

2. 该零件采用了哪些表达方法？＿＿＿＿＿＿＿＿＿＿＿＿＿＿＿＿＿＿。

3. 说明 2×M10—7H 标注的意义。＿＿＿＿＿＿＿＿＿＿＿＿＿＿＿＿＿＿。

4. 指出该零件长、宽、高三个方向的尺寸基准。

5. 主视图中的尺寸 $\phi34$、$\phi46$、80、38、20、110 属于哪类尺寸？＿＿＿＿＿＿＿＿＿。

6. $\phi22^{+0.033}_{0}$ 的公差带代号＿＿＿＿＿，公称尺寸＿＿＿＿＿，最大极限尺寸＿＿＿＿＿，最小极限尺寸＿＿＿＿＿，公差＿＿＿＿＿。

7. 在图上指定位置作出 B—B 断面图。

十字接头	共　张	第　张	比例	
	数量	1	图号	
制图				
审核			(校名、班级)	

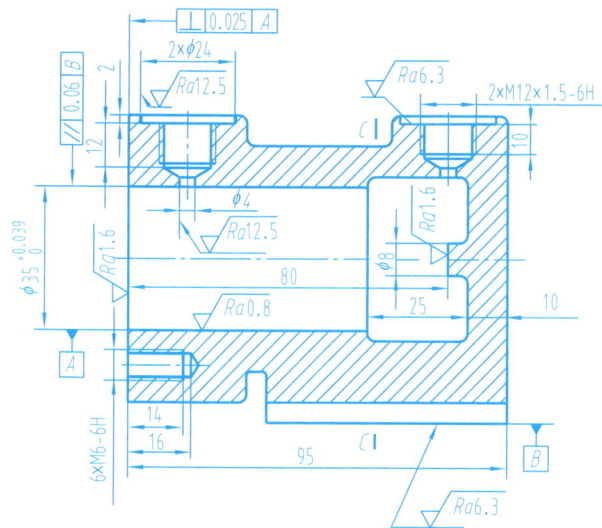

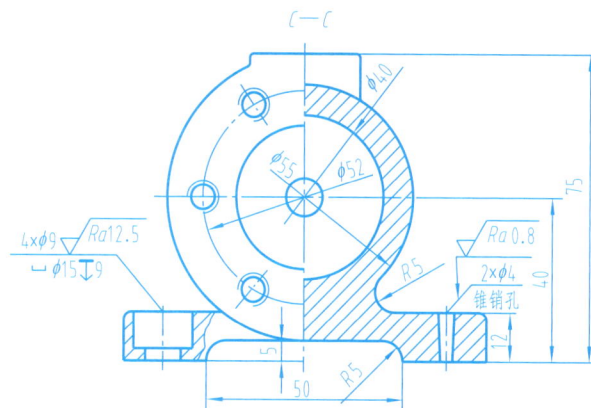

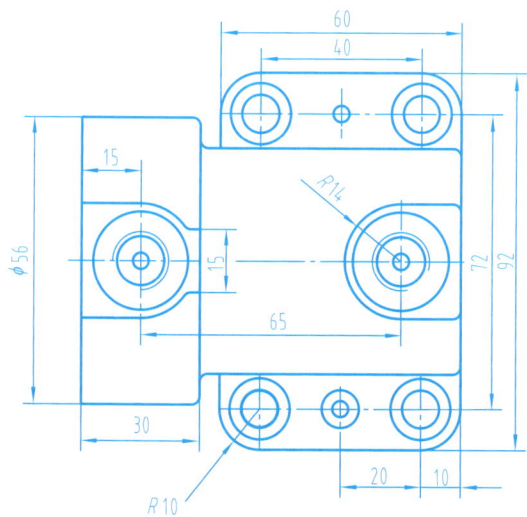

1. 说明下列标注的意义：
2×M12×1.5—6H
4×φ9⌴φ15↧9
2. 指出零件的长、宽、高三个方向的尺寸基准。

3. 左视图中的尺寸 φ52、φ55、50、40、75 属于哪类尺寸?

4. 图中将 Ra 的允许值为最小的部位圈出。

技术要求
未注铸造圆角 R2。

	缸 体		材料	HT200
			数量	
制图			重量	
描图			比例	
审核			图号	

1. 看图并回答问题。

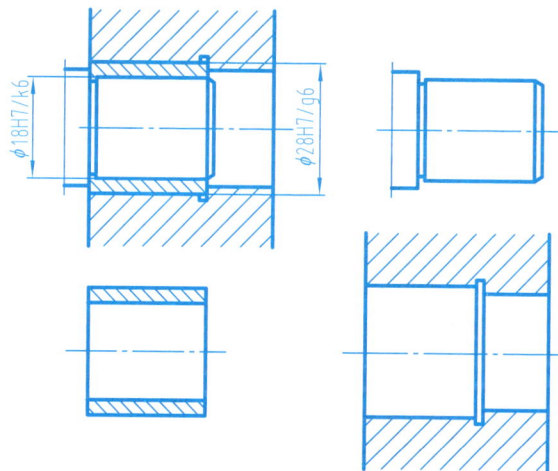

2. 查出下图中极限偏差的公差带代号，在下图中标注出配合代号。

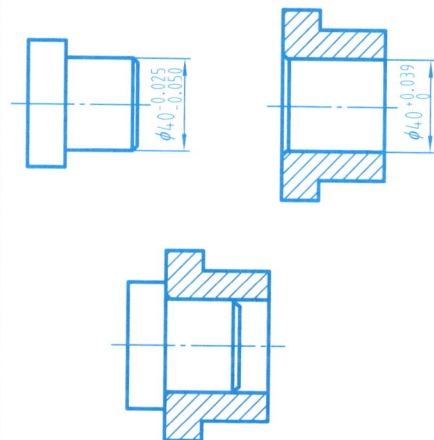

$\phi28H7/g6$ 的含义：

公称尺寸_____，是基_____制。

公差等级：孔_____级，轴_____级。

_____配合。

孔的上偏差_____，下偏差_____；

轴的上偏差_____，下偏差_____。

$\phi18H7/k6$ 的含义：

公称尺寸_____，是基_____制。

公差等级：孔_____级，轴_____级。

_____配合。

孔的上偏差_____，下偏差_____；

轴的上偏差_____，下偏差_____。

表　面	Ra
$\phi 24$ 内孔表面	3.2
$\phi 28$ 内孔表面	3.2
$\phi 36$ 圆柱两端面	6.3
$\phi 46$ 圆柱两端面	6.3
长圆形凸台表面	6.3
$2 \times \phi 8$ 内孔表面	12.5
$2 \times \phi 6$ 沉孔内表面	12.5
各孔口倒角表面	25
其余	√

9-1 根据零件图绘制千斤顶的装配图（一）。

班级　　　姓名　　　学号　　　第69页

参考千斤顶示意图和说明，看懂所给出的零件图，画出千斤顶的装配图。

千斤顶示意图说明

　　该千斤顶是一种手动起重、支承装置。扳动绞杠转动螺杆，由于螺杆、螺套间的螺纹作用，可使螺杆上升或下降，起到起重、支承的作用。

　　千斤顶底座上装有螺套，螺套与底座间由螺钉固定。螺杆与螺套由方牙螺纹传动，螺杆头部中穿有绞杠，可扳动螺杆传动。螺杆顶部的球面结构与顶垫的内球面接触起浮动作用。螺杆与顶垫之间有螺钉限位。

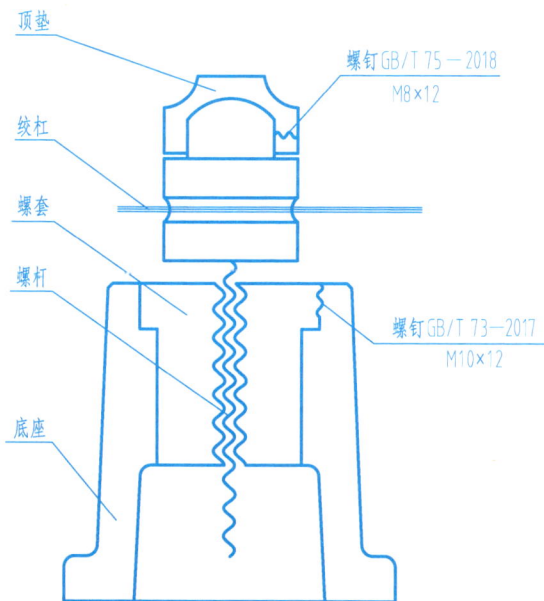

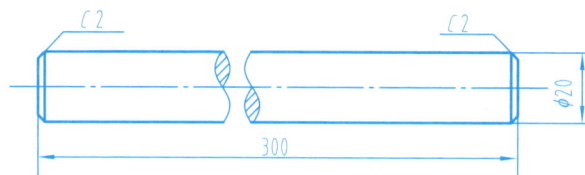

顶垫

螺钉GB/T 75—2018
M8×12

绞杠

螺套

螺杆

螺钉GB/T 73—2017
M10×12

底座

C2　　　　　　　　　　　C2

φ20

300

$\sqrt{} = \sqrt{Ra6.3}$

名称	绞杠	数量	1	材料	35

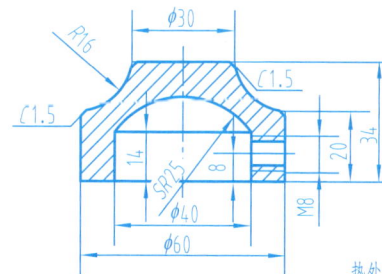

R16

φ30

C1.5

C1.5

14

SR15

8

20

34

φ40

M8

φ60

热处理45~50HRC

$\sqrt{} = \sqrt{Ra6.3}$

名称	顶垫	数量	1	材料	HT200

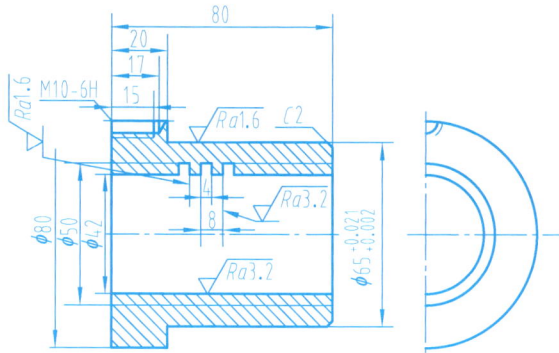

$\sqrt{Ra6.3}\ (\sqrt{})$

名称	螺套	数量	1	材料	ZCuAl10Fe3

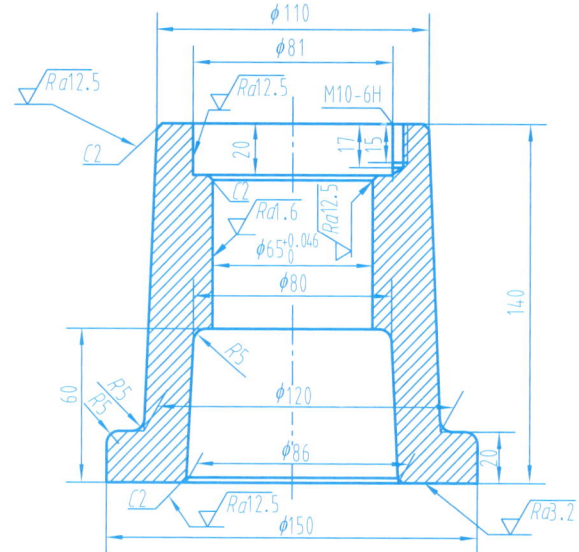

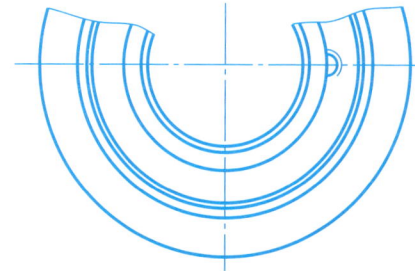

$\sqrt{}(\sqrt{})$

名称	底座	数量	1	材料	HT200

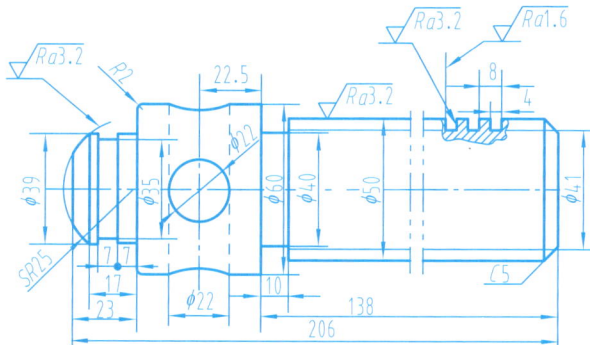

$\sqrt{Ra6.3}\ (\sqrt{})$

名称	螺杆	数量	1	材料	45

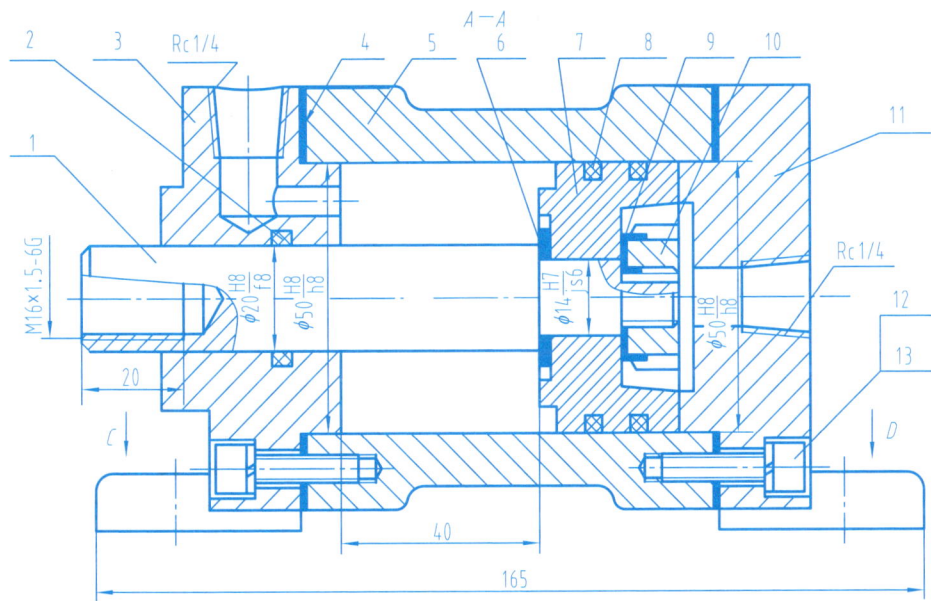

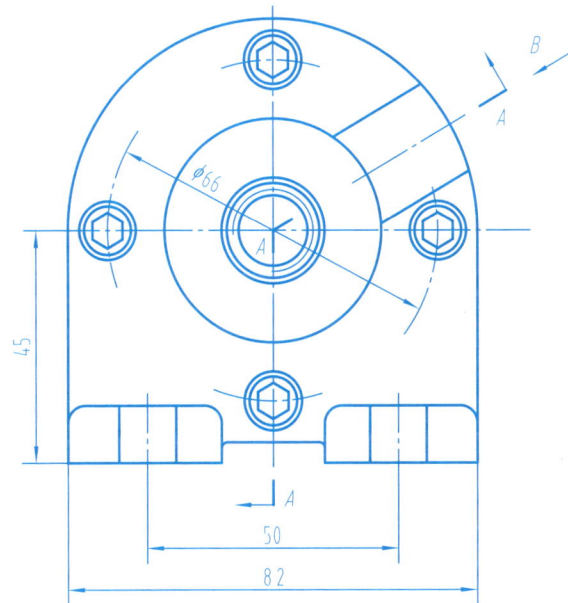

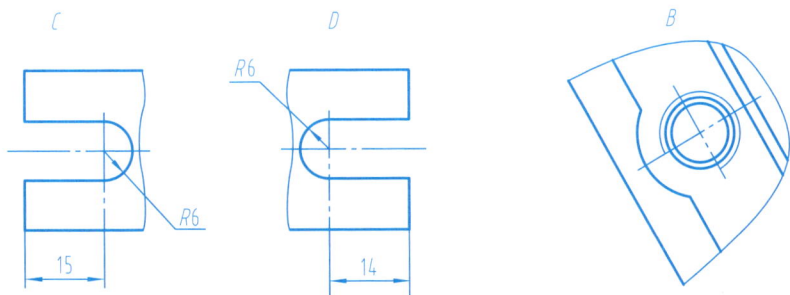

A—A

2 3 Rc1/4   4 5 6 7 8 9 10

1

11

M16×1.5-6G

$\phi20\frac{H8}{f8}$ $\phi50\frac{H8}{h8}$ $\phi14\frac{H7}{js6}$ $\phi50\frac{H8}{h8}$

Rc1/4

12

13

20

40

165

$\phi66$

45

50

82

B

A

A

C   D   B

R6

R6

15   14

一、汽缸工作原理

前盖和后盖上各有一个螺纹通孔，是通高压气泵的。当需要夹紧时，高压气体从右边螺纹孔进入，推动活塞及活塞杆向左移动，活塞杆的左端螺孔与夹紧机构的螺杆相连，从而进行夹紧。当需要松开时，高压气体从左边螺纹孔进入，推动活塞及活塞杆向右移动即可。

二、回答下列问题

1. 主视图采用了哪些表达方法？

2. 该装配图由多少种零件组成？其中有几种标准件？

3. 件11后盖与件5缸体由什么（零件名）连接？

4. 该装配图的性能尺寸为＿＿＿＿＿，总体尺寸为＿＿＿＿＿，安装尺寸为＿＿＿＿＿。

5. 件2的作用是＿＿＿＿＿＿＿＿＿＿。

6. 说明下列配合代号的意义。

$\phi20H8/f8$ ＿＿＿＿＿＿＿＿＿＿。

$\phi50H8/h8$ ＿＿＿＿＿＿＿＿＿＿。

$\phi14H7/js6$ ＿＿＿＿＿＿＿＿＿＿。

7. 解释 $M16\times1.5-6G$ 的意义＿＿＿＿＿。

三、分别拆画件3（前盖）、件5（缸体）、件11（后盖）的零件图。要求：比例1：1，标注尺寸，标注表面粗糙度，标注必要的尺寸公差。

13	垫圈6	8	65Mn	GB/T 97.1—2002	
12	螺钉 M6×22	8	8.8级	GB/T 70.1—2008	
11	后盖	1	HT150		
10	螺母 M12	1	8级	GB/T 6170—2015	
9	垫圈12	1	Q235	GB/T 858—1988	
8	密封圈	2	橡胶		
7	活塞	1	ZL3		
6	垫片	1	橡胶石棉板		

5	缸体	1	HT200	
4	垫片	2	橡胶石棉板	
3	前盖	1	HT150	
2	密封圈	1	橡胶	
1	活塞杆	1	45	
序号	名称	数量	材料	备注

汽缸

图别	
比例	
制图	
评阅	

10-1　AutoCAD 绘制图形。

1.

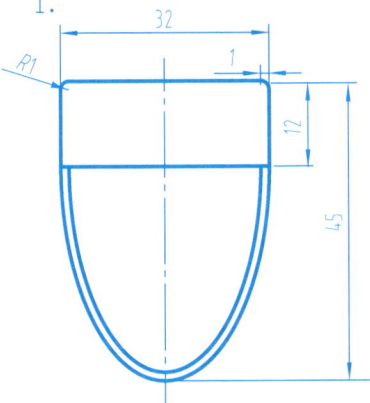

2.

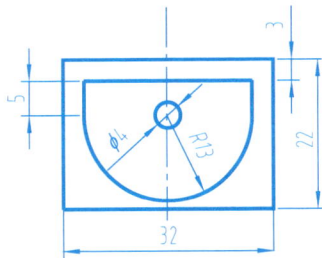

3.

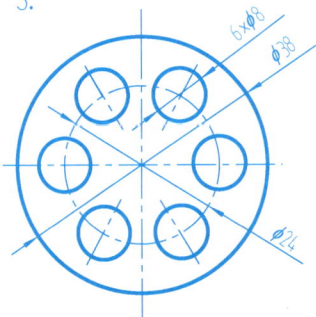

4.

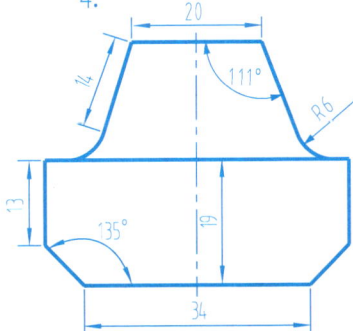

10-2　绘制图形并标注出尺寸。

1.

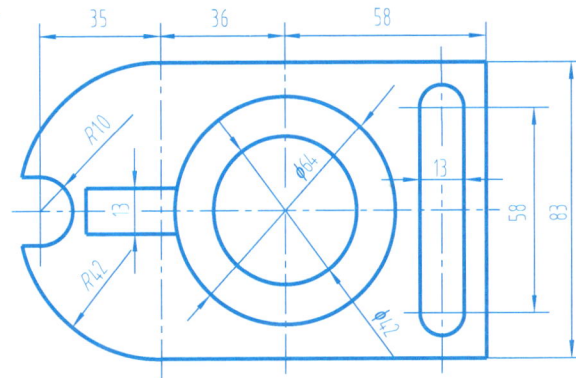

2.

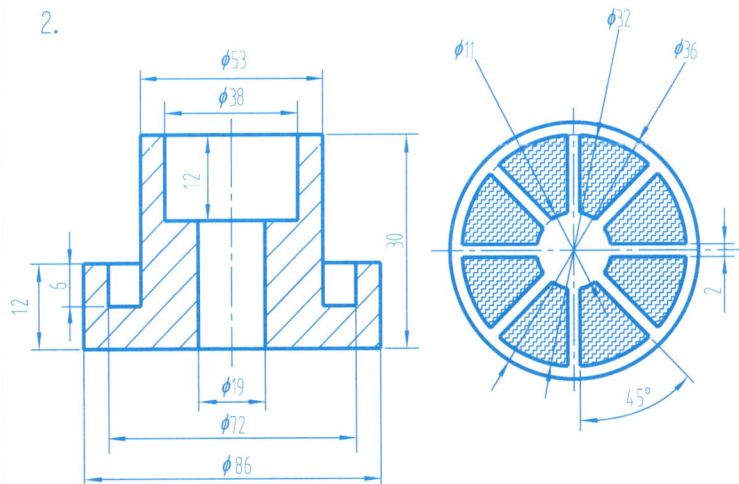